Schmidt
Wasserstofftechnik

AF723587

Thomas Schmidt

Wasserstofftechnik

Aufgaben und Lösungen

HANSER

Der Autor:
Prof. Dr.-Ing. Thomas Schmidt, Fachhochschule Münster, Fachbereich Energie · Gebäude · Umwelt

Bibliografische Information der deutschen Nationalbibliothek:
Die Deutsche Nationalbibliothek verzeichnet diese Publikation in der Deutschen Nationalbibliografie; detaillierte bibliografische Daten sind im Internet unter *http://dnb.d-nb.de* abrufbar.

www.hanser-fachbuch.de
Lektorat: Dipl.-Ing. Volker Herzberg
Herstellung: Melanie Zinsler
Titelmotiv: © shutterstock.com/Pakhnyushchy, Vibrant Image Studio und petrmalinak
Coverkonzept: Marc Müller-Bremer, www.rebranding.de, München
Coverrealisation: Max Kostopoulos
Satz: Eberl & Koesel Studio, Altusried-Krugzell
Druck und Bindung: CPI books GmbH, Leck
Printed in Germany

Print-ISBN: 978-3-446-47227-3
E-Book-ISBN: 978-3-446-47354-6

Inhalt

Vorwort

Die Idee zu einem Aufgabenbuch ist mir bei der Überarbeitung der Erstausgabe meines Buches *Wasserstofftechnik* (ebenfalls erschienen im Carl Hanser Verlag, München) gekommen. Ursprünglich waren im Anhang dieses Fachbuches Übungsaufgaben mit der Angabe der numerischen Lösungen zu finden. Doch um den Leserinnen und Lesern einen vollständigen Blick in die weite Welt der Wasserstofftechnik zu gewährleisten, sollte der Lösungsweg dazukommen. Dies hätte ab der Zweitausgabe den Umfang des Fachbuches gesprengt. Und so lag es nahe, einen ergänzenden Buchteil mit Aufgabenstellungen und ausgearbeiteten Lösungen herauszugeben. Ich bin Herrn Volker Herzberg und Frau Rebecca Wehrmann vom Carl Hanser Fachbuchverlag, München, sehr dankbar für ihre Hilfe und Unterstützung.

Die Entwicklung einer Wasserstoffwirtschaft vollzieht sich heute einerseits auf der Ebene der Verbesserung bestehender und der Erforschung neuer Technologien, wie beispielsweise der Wasserstoffverwendung in der Stahlerzeugung. Andererseits liegt der Fokus auf der Entwicklung einer dem Charakter des Wasserstoffs angemessenen Infrastruktur aus Erzeugung, Transport und Speicherung oder der Einbindung des Wasserstoffs in einem Mehrklang verschiedener regenerativer Technologien, beispielsweise zur Wärmeerzeugung. Aus meiner persönlichen Überzeugung sollte ein Credo sein, so weit wie möglich, bestehende Energiesysteme für Wasserstoff zu ertüchtigen und weiter zu nutzen.

Um die große Aufgabe der Umgestaltung unserer Energie- und Industriewelt auf regenerative Energieformen und nicht fossile Grundstoffe zu schaffen, müssen neue Fachkräfte ausgebildet, aber auch Menschen umgeschult werden, die zuvor in der fossilen Energie- und Industriewelt gearbeitet haben. Das bedarf einer umfänglichen Ausbildung und Weiterbildung. Und hier biete ich der Leserin und dem Leser an, für die gestellten Aufgaben einen eigenen Lösungsweg zu suchen und ihn mit der Lösung des Autors zu vergleichen. Dieses Konzept führt konsequent umgesetzt aus meiner Perspektive eines Ingenieurs, der zuvor über 20 Jahre im Gastransport und der Gasspeicherung tätig war, und aus der Erfahrung eines Hochschullehrers, der seit nahezu 20 Jahren Erwachsene ausbildet, zu fruchtbaren

Erkenntnissen. Selbst rechnen fördert die fachlichen Erkenntniszuwächse. Mit Zahlen und Formeln umgehen, hilft bei der Plausibilitätskontrolle von digitalen Instrumenten und den damit produzierten Lösungen. Selbst zu den richtigen Lösungen zu kommen, ist eine besondere Art der Befriedigung. Man hat es geschafft. In diesem Sinn wünsche ich allen Leserinnen und Lesern viel Erfolg mit diesem Buch und erlaube mir noch den Hinweis auf die zweite Ausgabe des Buches *Wasserstofftechnik*, welche den fachlichen Hintergrund für dieses Aufgabenbuch bildet.

Steinfurt, März 2022

Thomas Schmidt

1 Einführung

Wir beobachten auch in unserer unmittelbaren Umgebung die rasante Veränderung unserer Umwelt. Untrügliche Zeichen sind einerseits die Zunahme von Dürreperioden und andererseits Starkregen mit teilweise verheerenden Folgen sowie ein Rückgang der Artenvielfalt. In den vor uns liegenden Jahrzehnten kommen aufgrund des dramatischen Klimawandels und der angespannten ökologischen Situation auf die Menschen gewaltige Veränderungen zu.

Weltweit müssen die menschlichen Gesellschaften sich, so schnell es geht, von den fossilen Energieträgern verabschieden, um das im Pariser Klimaabkommen 2015 vereinbarte Ziel, die globale Temperaturerhöhung auf deutlich unter 2 °C gegenüber dem vorindustriellen Niveau zu begrenzen, zu erreichen. Deutschland will zu diesem Zweck bis 2045 Treibhausgasneutralität erreichen. Dies bedeutet, dass dann ein Gleichgewicht zwischen den Emissionen von Treibhausgasen und deren Abbau in der Natur herrscht.

Zu den hierfür notwendigen Maßnahmen zählen die Erneuerung oder die Außerbetriebnahme vorhandener Infrastruktur im Industrie- und Energiebereich und der Bau neuer an die Klimavorgaben angepasste Anlagen- und Leitungssysteme.

Bild 1.1
Anlage der Ela Industriegas GmbH zur Erzeugung von synthetischem Methan aus Wasserstoff und Kohlendioxid im emsländischen Werlte © ela Industriegas GmbH und Timo Lutz Werbefotografie

Die nationale Wasserstoffstrategie der Bundesregierung, die im Herbst 2021 verstärkt wurde, gibt die Richtung vor. So gehen Kohlekraftwerke und Kernkraftwerke in Deutschland vom Netz und sollen für den Fall, dass die regenerativen Stromerzeugungsanlagen witterungsbedingt nicht für die erforderlichen Strommengen ausreichen, durch Gaskraftwerke ersetzt werden, die wasserstoffkompatibel sind. Inwieweit zukünftig der Einsatz und der Zubau von Gaskraftwerken im Lichte des laufenden Krieges in der Ukraine und der damit verbundenen Versorgungssituation auf dem europäischen Gasmarkt realistisch ist, kann bei Drucklegung dieses Buches noch nicht sicher prognostiziert werden. Leitungssysteme müssen einerseits für die Versorgung der Kunden mit Strom und Gas zukunftssicher gemacht werden und andererseits für Wasserstoff umgerüstet bzw. neu gebaut werden. Das Beispiel einer industriellen Anlage, mit deren Hilfe man anfallende Treibhausgase in synthetische Energieträger umwandeln kann, zeigt Bild 1.1. Es handelt sich um eine Anlage zur Erzeugung von synthetischem Methan aus Wasserstoff und Kohlendioxid aus der Biogasproduktion.

Für alle zuvor genannten Aufgaben benötigt die zivile Gesellschaft Menschen, die ein ausreichendes Fachwissen und technisch fundiertes Urteilsvermögen zu Wasserstofftechnologien besitzen. Mitarbeiterinnen und Mitarbeiter im Bereich der Energie- und Grundstoffversorgung, in der Chemie, der Metallerzeugung und -verarbeitung und in anderen betroffenen Bereichen sowie Studentinnen und Studenten in den Ingenieurfächern sollen daher für Wasserstoff fit gemacht werden. Sie sollten beispielsweise im Zusammenhang mit der Erzeugung von Wasserstoff die Frage nach dem Wasserverbrauch in einer Elektrolyseanlage, wie sie in Bild 1.2 abgebildet ist, beantworten können. Dieses Thema wird in diesem Aufgabenbuch in der Aufgabenstellung 30 im Abschnitt 5.2.1 behandelt.

Bild 1.2 Alkalische Elektrolyseanlage (AEL) der ela Industriegas GmbH zur Erzeugung von Wasserstoff im emsländischen Werlte © ela Industriegas GmbH

■ 1.1 Das Konzept des Buches

Das Buch wendet sich an alle, die bislang mit dem Element Wasserstoff und den begleitenden Verfahren der Erzeugung, des Transports, der maschinellen Behandlung, der Verflüssigung, der Speicherung und der Wasserstoffnutzung nicht ausreichend oder gar nicht vertraut sind. Das Buch ist ein Aufgabenbuch mit ausgearbeiteten Lösungen und verfolgt auch in der Verbindung mit dem in der zweiten Auflage erschienenen Fach- und Lehrbuch *Wasserstofftechnik* mehrere Ziele.

1. Dieses Aufgabenbuch mit Lösungen ermöglicht die Behandlung einer großen Bandbreite von praxisbezogenen Aufgabenstellungen. Damit soll das Verständnis für das stoffliche Verhalten des Wasserstoffs und für das Funktionieren der angewandten Technikmethoden bei der Leserin und beim Leser geweckt werden.

2. Es ist eine Ergänzung des Fach- und Lehrbuches. Dort werden in praxisbezogenen Berechnungsbeispielen die zuvor gegebenen fachlichen Inhalte vertieft. Diese Beispiele sind Blaupausen für verschiedene Aufgabenstellungen und Lösungen in diesem Aufgabenbuch. So kann die Vorgehensweise in der Aufgabe 1 im Abschnitt 2.1.1 dieses Buches am Beispiel der Anwendung des realen Gasgesetzes im Abschnitt 2.2.1 des Fach- und Lehrbuches gespiegelt werden.
3. Lösungen zu Aufgabenstellungen in diesem Buch bilden die Grundlage verschiedener Aussagen im Fach- und Lehrbuch. Als Beispiel sei die Angabe der freigesetzten CO_2-Mengen der Dampfreformierung, einem der wesentlichen Verfahren der heutigen Wasserstoffproduktion, im Fach- und Lehrbuch im Abschnitt 5.1.1 genannt. Der dort aufgeführte Wert wird auf das Ergebnis der Aufgabe 26 in diesem Aufgabenbuch zurückgeführt.

1.2 Die Form des Buches

Der strukturelle Aufbau dieses Aufgabenbuches spiegelt sich an den Inhalten des Fach- und Lehrbuches *Wasserstofftechnik*.

In den einzelnen Abschnitten werden in zusammengefasster Form die für die Bearbeitung der einzelnen Aufgaben relevanten Inhalte dargestellt und die zur Lösung erforderlichen Formeln und stoffspezifischen Werte angegeben.

- Hinweise in jedem Abschnitt

  In jedem Abschnitt wird an geeigneter Stelle auf die eingehende Darstellung des thematischen Zusammenhanges im Fach- und Lehrbuch hingewiesen. Hier kann der fachliche Hintergrund der Aufgabenstellung vertieft und Beispielrechnungen eingesehen werden. Darüber hinaus stehen in diesem Buch umfangreiche Tabellen, Diagramme, weiterführende Darstellungen, Fließschemas und Bilder zur zusätzlichen Information zur Verfügung.
- Empfehlung zur Vorgehensweise bei der Aufgabenberechnung

  Der Leserin und dem Leser wird empfohlen, die Aufgabenstellung selbstständig zu lösen. Dabei ist von Vorteil, die jeweils ausgearbeitete Lösung in Kapitel 11 zunächst nicht einzusehen.
- Lösungen in Kapitel 11

  Der systematische Lösungsweg und die numerische Lösung jeder Aufgabenstellung ist in Kapitel 11 gegeben, sodass möglichst im Anschluss an die eigenständig erarbeitete Lösung eine Kontrolle der eigenen Ergebnisse vorgenommen werden kann.

- Der Umgang mit gerundeten Zwischenergebnissen in Kapitel 11

  Um die Einheitlichkeit der Berechnungen zu wahren, werden auch Zwischenergebnisse gerundet. Der dann folgende Rechenschritt wird mit den zuvor gerundeten Zwischenergebnissen weitergeführt.

- Schlussfolgerungen aus den Lösungen in Kapitel 11

  Da, wo es angebracht ist, gibt der Autor eine Interpretationshilfe zu den Ergebnissen der vorangestellten Berechnung.

- Informationen im Anhang

  Die erforderlichen physikalischen Einheiten und deren Möglichkeit der Umrechnung, die eingesetzten Formelzeichen und Abkürzungen sowie eine Aufstellung der verwendeten Naturkonstanten und Bezugsgrößen sind in den Anhängen A bis D am Ende des Buches zu finden.

2 Eigenschaften des Wasserstoffs

Im Rahmen der Ablösung von fossilen Energieträgern wird der zukünftige Einsatz von molekularem Wasserstoff geplant und bereits im begrenzten Umfang in sogenannten Microgrids praktiziert. Dabei stehen verschiedene Fragestellungen im Raum. Hierzu zählt beispielhaft das thermodynamische Verhalten des Gases Wasserstoff (H_2) unter den herrschenden Druck- und Temperaturbedingungen.

In die Abschätzung erforderlicher Durchmesser von Pipelines und des Druckverlustes beim rohrleitungsgebundenen Transport gehen die Dichte und die Viskosität des Wasserstoffs ein. Die unangenehme Eigenschaft des Wasserstoffs, durch Behälterwände in die Atmosphäre zu gelangen und bei metallischen Werkstoffen Schäden zu hinterlassen, die im Extremfall zu einem Werkstoffversagen führen, machen es erforderlich, die dafür verantwortlichen Mechanismen zu kennen und die projektbezogenen Werte zu bestimmen.

Wenn Wasserstoff elektrolytisch gewonnen wird, fällt gleichzeitig Sauerstoff an. Beide Elemente müssen anlagentechnisch voneinander getrennt ihrer weiteren Nutzung zugeführt werden. Der erzeugte Sauerstoff wird meist an die Umgebung abgegeben. Ein Teil gelangt indessen bereits bei seiner Entstehung in der elektrolytischen Zelle in den Wasserstoffstrom. Dieser darf nur einen begrenzten Grad an Verunreinigung aufweisen, um in Brennstoffzellen möglichst verlustarm in Wasser, Strom und Wärme umgewandelt zu werden. Die Bestimmung der Parameter von Mischungen aus unterschiedlichen Komponenten ist daher für die Wasserstofftechnik bedeutsam.

Wasserstoff ist ein explosionsfähiger und energiereicher Stoff. Es ist daher von großem Interesse, sein Reaktionsverhalten unter Einwirkung von Luft zu kennen. Hierzu zählt der Umgang mit den Explosionsgrenzen und verschiedenen Fundamentalgrößen wie der Enthalpie und der Entropie.

Mit den vorgenannten Themen beschäftigen sich die in den nächsten Teilabschnitten vorgestellten Aufgaben.

■ 2.1 Thermodynamische Zustandsberechnung

Die Umrechnung von gemessenen Größen wie Druck und Temperatur oder Dichte in eine andere Zustandsgröße ist in der betrieblichen Praxis ein alltäglicher Vorgang. Dies geschieht beispielsweise im Rahmen einer Abrechnungsmessung. Hier wird vom gemessenen Betriebszustand in den Normzustand umgerechnet. Stehen betriebliche Anlagen im Freien, wie beispielsweise ein Druckbehälter unter dem Einfluss der Witterung wie in Bild 2.1, so werden sich in einem geschlossenen System Druck und Temperatur ändern. In diesem Fall kann es zweckmäßig sein, mithilfe von berechneten Werten fehlende Messdaten zu ergänzen.

Bild 2.1 Speicherbehälter für Wasserstoff in einer chemischen Anlage
© H&R ChemPharm GmbH

Grundlage der weiteren Berechnung sind neben den thermodynamischen Formeln die stoffspezifischen Werte des Wasserstoffs und weiterer Stoffe. Sie können beispielsweise mit der Software REFPROP nach Lemmon et al. (2018) berechnet werden und sind auszugsweise in Tabelle 2.1 aufgeführt.

Tabelle 2.1 Physikalische Eigenschaften des n-H_2 und anderer Fluide im Vergleich 1)

Stoff	M	R	ϱ_n	z_n	$c_{p,n}$	$10^6 \eta_n$	λ_n	κ	p_c	T_c
	$\frac{\text{kg}}{\text{kmol}}$	$\frac{\text{J}}{\text{kg K}}$	$\frac{\text{kg}}{\text{m}^3}$	-	$\frac{\text{kJ}}{\text{kg K}}$	$\frac{\text{kg}}{\text{m s}}$	$\frac{\text{W}}{\text{m K}}$	-	bar	K
n-H_2	2,0158	4124,5	0,08989	1,0006	14,198	8,377	0,173	1,41	13,150	33,19
CH_4	16,043	518,26	0,7175	0,997	2,181	10,255	0,031	1,32	45,980	190,56
Erdgas	18,258	455,39	0,7800	0,997	2,0803	10,136	0,029	1,30	59,681	207,64
CO	28,010	296,84	1,2505	0,999	1,0420	16,596	0,023	1,40	34,935	132,85
CO_2	44,010	188,92	1,9768	0,993	0,8268	13,709	0,015	1,31	73,770	304,13
O_2	31,999	259,84	1,4290	0,999	0,9167	19,143	0,024	1,40	50,430	154,58
N_2	28,013	296,81	1,2504	0,999	1,0414	16,629	0,024	1,40	33,991	126,26
C_2H_6	30.069	276,50	1,355	0,990	1,6635	8,4903	0,0177	1,21	48,714	305,33
C_3H_8	44,096	188,55	2,0105	0,9785	1,5841	7,4445	0,016	1,15	42,477	369,85
Luft	28,958	287,11	1,2927	0,999	1,0059	17,258	0,024	1,40	38,520	132,83
Anm.		2)			3)	3)	3)	3)		

Anmerkungen: 1) siehe auch Tabelle 2.1 und 2.2 im *Buch Wasserstofftechnik*; 2) abgeleitet aus Formel $R = R_m / M$ mit der universellen oder molaren Gaskonstante R_m nach Anlage D; Werte sind gerundet

2.1.1 Wasserstoff als ideales Gas

Nach H. Sicius (2016) hat Wasserstoff zusammengefasst Eigenschaften, die im weitesten Sinne an ein Modellgas erinnern. Es hat die kleinste Größe und die geringste Dichte aller im Periodensystem versammelten Elemente. Sein Siedepunkt und sein Erstarrungspunkt liegen sehr nahe am absoluten Nullpunkt. Das Wasserstoffatom und das zweiatomige Wasserstoffmolekül ist aufgrund seines Diffusionsvermögens in der Lage, durch alle technischen Werkstoffe zu permeieren. Nach H. Herwig und Ch. H. Kautz (2007) ist ein ideales Gas ein Modellgas aus Molekülen ohne Eigenvolumen, die untereinander keine Wechselwirkung ausüben.

Die allgemeine Zustandsgleichung für Gase, die dieser Beschreibung Rechnung trägt, lautet:

$$pV = mRT \qquad \text{Formel 2.1}$$

In der Formel 2.1 ist p der Absolutdruck in bar_a und setzt sich aus dem Betriebsdruck $p_ü$ in $\text{bar}_ü$ und dem Umgebungsdruck p_0 in bar zusammen.

$$\frac{p}{\text{bar}_\text{a}} = \frac{p_ü}{\text{bar}_ü} + \frac{p_0}{\text{bar}} \qquad \text{Formel 2.2}$$

Hinweis

Die Bezeichnung Betriebsdruck beispielsweise in den Aufgaben kennzeichnet in jedem Fall den Überdruck oberhalb des Umgebungsdruckes p_0.

Die Temperatur T ist die thermodynamische Temperatur in der Einheit Kelvin. Der Zusammenhang mit der Temperatur ϑ in der Einheit Celsius ist:

$$\frac{T}{\mathrm{K}}=\frac{\vartheta}{°\mathrm{C}}+\frac{273{,}15}{K}$$ Formel 2.3

Mit der Gasdichte ϱ und der Verknüpfung von Masse m und Volumen V über

$$m=\varrho V$$ Formel 2.4

kann die Formel 2.1 verändert werden:

$$\frac{p}{\varrho}=RT$$ Formel 2.5

In der Thermodynamik ist die Stoffmenge n in Verbindung mit der molaren Masse M (Tabelle 2.1) eine elementare Größe zur Bestimmung der Masse m

$$m=nM$$ Formel 2.6

Referenzzustände können der Normzustand

$$p_\mathrm{n}=1{,}01325\,\mathrm{bar}, T_\mathrm{n}=273{,}15\,\mathrm{K}$$ Formel 2.7

und der Standardzustand

$$p^\Theta=1\,\mathrm{bar}, T^\Theta=298{,}15\,\mathrm{K}$$ Formel 2.8

sein.

Hinweis

Weitere Auskünfte über den thematischen Zusammenhang finden Sie im Buch *Wasserstofftechnik* im Abschnitt 2.2.1 (Zustandsgrößen und 1. Hauptsatz der Thermodynamik).

Aufgabe 1

Wasserstoff wird in einem geschlossenen Behälter mit einem Rauminhalt $V_1=25\,\mathrm{m}^3$ zwei unterschiedlichen thermodynamischen Zuständen ausgesetzt. Es wird ein idealer Gaszustand angenommen. Der Umgebungsdruck ist $p_0=1\,\mathrm{bar}$.

Der Behälterdruck p_1 beträgt nach Manometer-Anzeige an der Behälterwand $p_1=4\,\mathrm{bar}_\mathrm{ü}$, die Temperatur im Behälter ist $\vartheta_1=45°C$.

Dann steigt die Temperatur im Behälter durch Wärmezufuhr auf $\vartheta_2 = 65°C$.

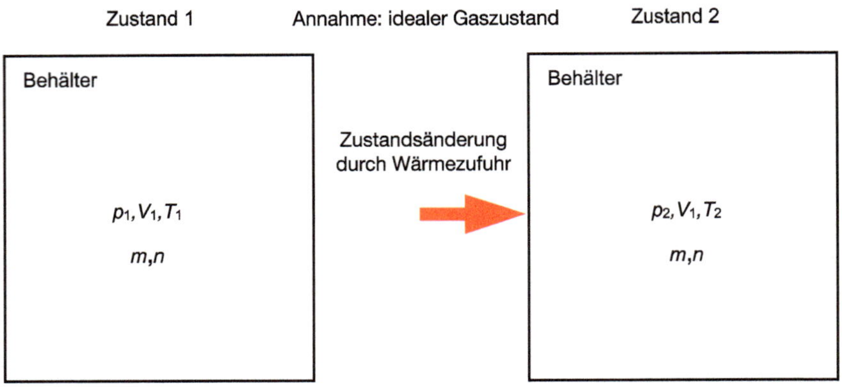

Bild 2.2 Ideales Gasverhalten von Wasserstoff in einem geschlossenen Behälter

Es werden

1. die Masse m,
2. die Stoffmenge n und
3. der Betriebsdruck p_2 im Zustand 2

gesucht.

Die Ergebnisse sind jeweils auf zwei Dezimalstellen zu runden.

Die Lösungen sind im Abschnitt 11.1 zu finden.

2.1.2 Wasserstoff als reales Gas

In der Praxis wird insbesondere bei einem hohen Betriebsdruck das Wasserstoffgas als reales Gas behandelt und dies über die Einführung einer Realgaszahl z in der Formel 2.1 berücksichtigt.

$$pV = zmRT \qquad \text{Formel 2.9}$$

Die Bestimmung von z kann nach A. Pfennig (2004) nach der von Peng und Robinson vorgeschlagenen Gleichung (PR-Gleichung) erfolgen.

$$z = \frac{v}{v-b} - \frac{a(T)}{\left(v + 2b - b^2 / v\right)RT} \qquad \text{Formel 2.10}$$

Für die Parameter $a(T)$ und b gelten folgende Beziehungen:

$$\frac{a(T)}{m^5 / (s^2 kg)} = a_c \alpha(T) \qquad \text{Formel 2.11}$$

mit

$$\alpha(T) = \left[1 + m\left(1 - \sqrt{T_r}\right)\right]^2$$ Formel 2.12

und mit der reduzierten Temperatur

$$T_r = \frac{T}{T_c}$$ Formel 2.13

und mit dem spezifischen Volumen

$$v = \frac{1}{\varrho}$$ Formel 2.14

In Formel 2.10, Formel 2.11 und Formel 2.12 sind m, a_c und b stoffspezifische Parameter und können hier für n-Wasserstoff und Methan Tabelle 2.2 entnommen werden.

Tabelle 2.2 Spezifische Stoffdaten der PR-Gleichung des n-Wasserstoffs und des Methans

Stoff	m	a_c	b
	–	$m^5/(s^2\,kg)$	m^3/kg
n-H_2	0,0289	6515,92	0,00810
CH_4	0,3931	969,87	0,00167

Hinweis

Weitere Auskünfte über den thematischen Zusammenhang finden Sie im Buch *Wasserstofftechnik* im Abschnitt 2.2.1 (Zustandsgrößen und 1. Hauptsatz der Thermodynamik).

Im Mittelpunkt der folgenden Aufgabe steht die Frage, wie sich der Wasserstoff im Vergleich zu einem Kohlenwasserstoff wie Methan unter der Einwirkung von Druck und Temperatur verhält.

Aufgabe 2

In einem thermodynamischen System soll für einen Betriebsdruck von $p = 50\,\text{bar}_{ü}$ und eine Temperatur von $\vartheta = 80°C$ mithilfe der Peng-Robinson-Gleichung für

1. Wasserstoff und
2. Methan

die Realgaszahl z bestimmt werden. Der Umgebungsdruck ist $p_0 = 1\,\text{bar}$.

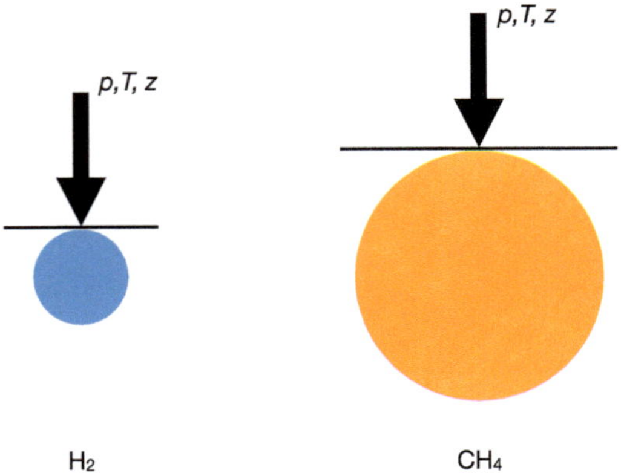

Bild 2.3
Thermodynamisches Verhalten von Wasserstoff und Methan unter der Einwirkung von Druck und Temperatur

Die Ergebnisse sind bis auf maximal vier Dezimalstellen anzugeben.

Die Lösungen sind im Abschnitt 11.1 zu finden.

Die Auswirkung des Realgasverhaltens von Wasserstoff auf die Dichte unter den Bedingungen eines erhöhten Betriebsdruckes ist dem Ergebnis der Aufgabe 3 zu entnehmen.

Aufgabe 3

Berechnen Sie mithilfe der allgemeinen Zustandsgleichung für Gase die Dichte von Wasserstoff in einem Druckbehälter für einen Absolutdruck von $p = 5\,\text{bar}_\text{a}$ und für eine Temperatur von $T = 298{,}15\,\text{K}$ unter den zwei unterschiedlichen Bedingungen eines

1. idealen Gasverhaltens und
2. realen Gasverhaltens.

Die Ergebnisse sind auf vier Dezimalstellen zu runden.

Die Lösungen sind im Abschnitt 11.1 zu finden.

2.1.3 Wasserstoff und die Wärmekapazität

Die Kenntnis der spezifischen isobaren Wärmekapazität c_p ist zur Abschätzung von auszutauschender Wärme und Arbeit in einem Wasserstoffsystem von Bedeutung. Der Zusammenhang mit den fundamentalen spezifischen Größen Enthalpie h und Entropie s ist über die Beziehung

$$\frac{c_\text{p}}{T} = \left(\frac{\partial s}{\partial T}\right)_p \qquad \text{Formel 2.15}$$

und über das T,s-Diagramm (Bild 2.4) möglich.

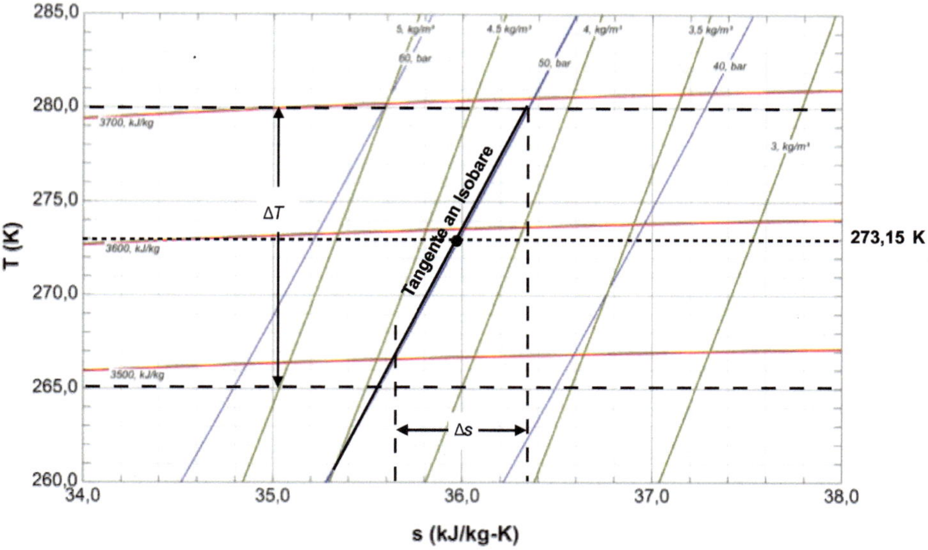

Bild 2.4 *T,s*-Diagramm für n-Wasserstoff zur Ermittlung der spezifischen isobaren Wärmekapazität c_p

Hinweis

Weitere Auskünfte über den thematischen Zusammenhang finden Sie im Buch *Wasserstofftechnik* im Abschnitt 2.2.4 (Die spezifische Wärmekapazität).

In der folgenden Aufgabe 4 soll die Wärmekapazität mit der Hilfe des *T,s*-Diagramms bestimmt werden.

Aufgabe 4

Für ein thermodynamisches System aus n-Wasserstoff, welches unter den Betriebsbedingungen Temperatur $T = 300\,\text{K}$ und Absolutdruck $p = 3\ \text{bar}_a$ steht, soll die spezifische isobare Wärmekapazität c_p mithilfe des *T,s*-Diagramms (Bild 2.5) ermittelt werden.

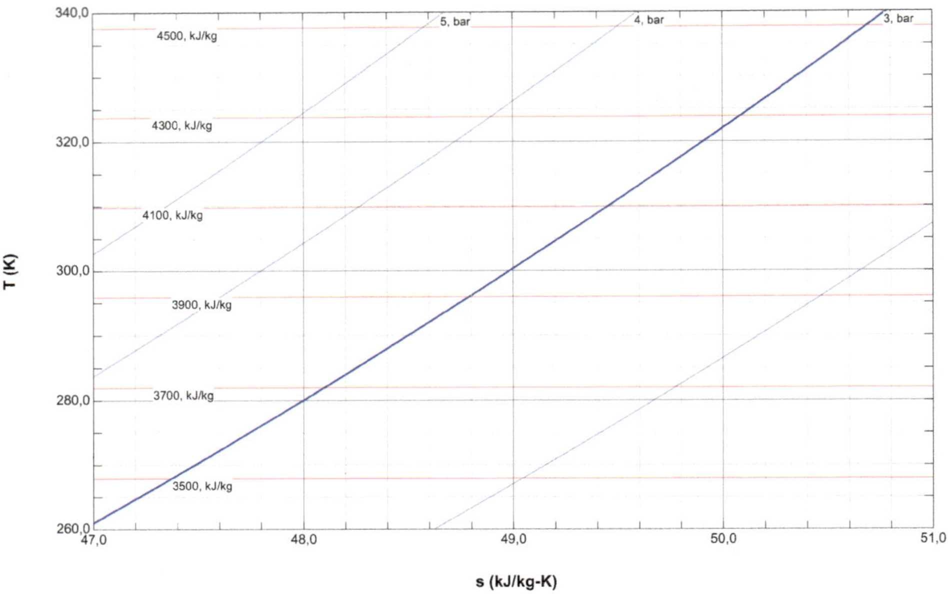

Bild 2.5 *T,s*-Diagramm für n-Wasserstoff zur Bestimmung der spezifischen isobaren Wärmekapazität c_p

Das Ergebnis ist auf drei Dezimalstellen zu runden.

Die Lösung ist im Abschnitt 11.1 zu finden.

2.1.4 Dissipation und Effizienz

Eine zentrale Rolle bei der Planung technischer Anlagen spielt die Frage nach der Effizienz der eingesetzten Technologien. Wie groß ist der Anteil der Dissipation, oder anders ausgedrückt, wie groß sind die Verluste gegenüber dem adiabaten, reversiblen Fall? Dies können beispielsweise Wärmeverluste über die Systemgrenzen oder Verluste durch mechanische Reibung sein. Im Umgang mit technischen Fluiden wie dem Wasserstoff kann das *h,s*-Diagramm bei der Beantwortung der Frage nach der Effizienz helfen. So ist in Bild 2.6 ein Verdichtungsprozess isentrop, also ohne Verluste, und real mit Verlusten dargestellt.

Aus dem *h,s*-Diagramm kann die spezifische isobare Wärmekapazität ermittelt werden.

$$c_p dT = \left(\frac{\partial h}{\partial T}\right)_p dT \qquad \text{Formel 2.16}$$

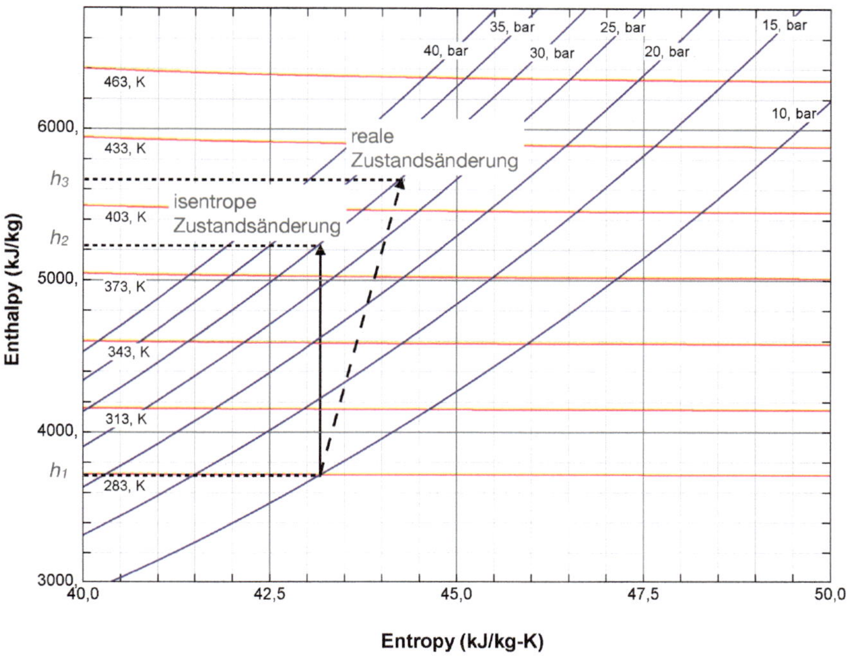

Bild 2.6 *h,s*-Diagramm für n-Wasserstoffs mit isentroper und realer Zustandsänderung eines Verdichtungsprozesses

Eine Verdichtereinheit zur Kompression des Wasserstoffs besteht in unserer Betrachtung nach Bild 2.7 aus dem Verdichter, einer Kupplung und dem Verdichterantrieb. Weitere Nebenaggregate wie Kühler und Schmierölsystem werden an dieser Stelle nicht betrachtet.

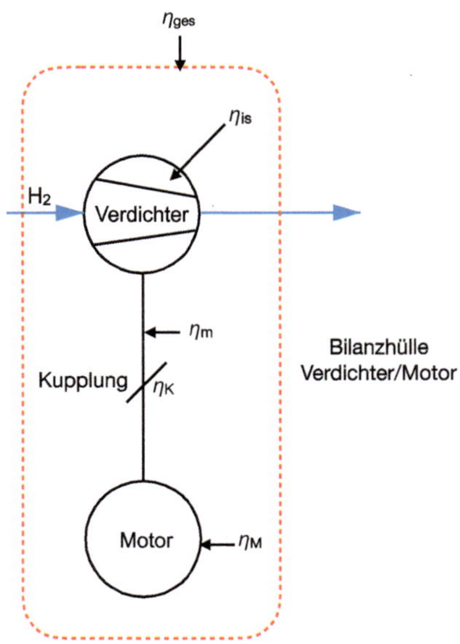

Bild 2.7
Wirkungsgrade einer Verdichtereinheit aus drehzahlgeregeltem Antriebsmotor, Kupplung und Verdichter

Die aus Bild 2.6 und Bild 2.7 abgeleiteten Formeln zur Bestimmung von Verlust und Wirkungsgrad sind

$$\eta_{is} = \frac{\Delta h_{is}}{\Delta h_{real}} = \frac{\Delta h_{12}}{\Delta h_{13}}$$ Formel 2.17

$$\eta_{ges} = \prod_{i=1}^{n} \eta_i$$ Formel 2.18

Hinweis

Weitere Auskünfte über den thematischen Zusammenhang finden Sie im Buch *Wasserstofftechnik* im Abschnitt 2.2.6 (Wirkungs- und Nutzungsgrade).

In der folgenden Aufgabe wird für H_2 der Zusammenhang zwischen isentroper und realer Enthalpieänderung und der Effizienz eines technischen Prozesses in Form von Wirkungsgraden verdeutlicht.

Aufgabe 5

Wasserstoff wird in einem Verdichter komprimiert. Der Eingangszustand 1 im Verdichter ist $p_1 = 4\,\text{bar}_ü$ und $T_1 = 300\,\text{K}$. Nach der verlustbehafteten, realen Verdichtung verlässt der Wasserstoff die Maschine im Zustand 3 mit $p_3 = 9\,\text{bar}_ü$ und $h_3 = 5120\,\text{kJ / kg}$. Der ideale Zustand 2 würde sich nach isentroper Zustandsänderung einstellen. Der Umgebungsdruck ist $p_0 = 1\,\text{bar}$.

a) Die Temperaturen T_2 des isentropen und T_3 des realen Verdichtungsprozesses sollen mithilfe des *h,s*-Diagramms in Bild 2.8 auf grafischem Wege bestimmt werden.

b) Nachdem die Enthalpiedifferenz $\Delta h_{13} = h_3 - h_1$ und die Temperaturdifferenz $\Delta T_{13} = T_3 - T_1$ dem *h,s*-Diagramm entnommen wurde, soll eine mittlere spezifische isobare Wärmekapazität c_{p13} rechnerisch bestimmt werden.

c) Der Verdichter wird über eine Antriebswelle, für die ein mechanischer Wirkungsgrad $\eta_m = 0{,}6$ berücksichtigt wird, und über eine Kupplung mit einem elektrisch angetriebenen Motor, für den ein motorischer Wirkungsgrad $\eta_M = 0{,}95$ unterstellt wird, verbunden. Es soll der Kupplungswirkungsgrad η_K und der Gesamtwirkungsgrad η_{ges} des Gesamtsystems aus Verdichter und Motor bestimmt werden.

Die Ergebnisse sind auf drei Dezimalstellen zu runden.

Die Lösung ist im Abschnitt 11.1 zu finden.

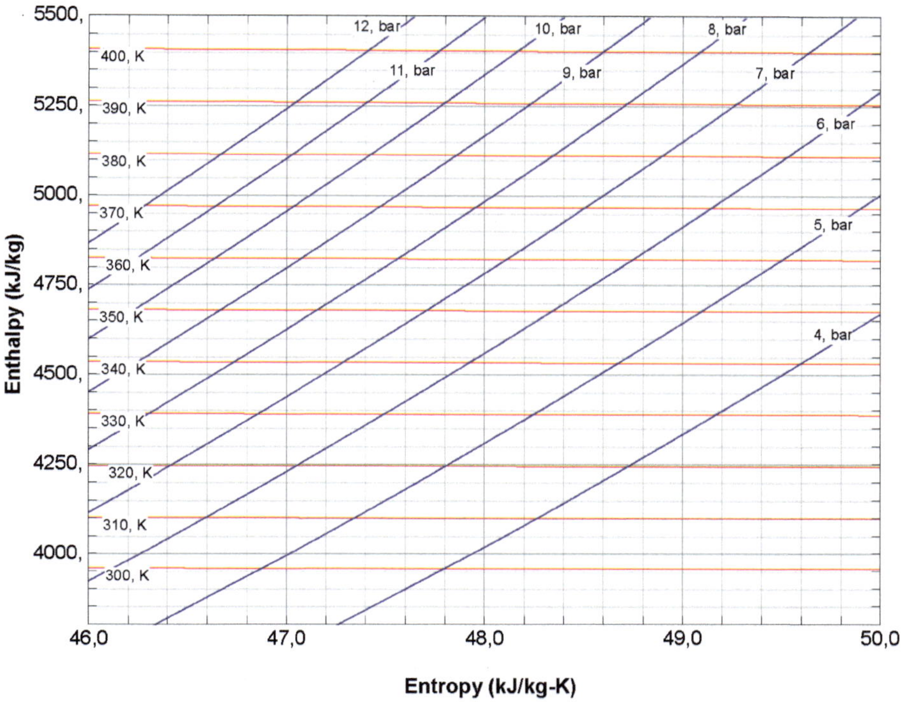

Bild 2.8 *h,s*-Diagramm für n-Wasserstoff zur Bestimmung des isentropen Wirkungsgrades eines Verdichters

2.1.5 Viskosität und Wärmeleitfähigkeit

In Tabelle 2.3 werden Stützwerte für die dynamische Viskosität η von Wasserstoff geliefert. Die Kenntnis dieser Größe ist beispielsweise für die Abschätzung des Strömungsverhaltens von H_2 von Bedeutung.

Tabelle 2.3 Dynamische Viskosität $\eta/\mu Pa\ s$ des n-Wasserstoffs 1)

	(reales Gasverhalten) $p = 1\ \text{bar}_a$					(reales Gasverhalten) $p = 10\ \text{bar}_a$				
T/K	250	273	298	350	400	250	273	298	350	400
n-H_2	7,879	8,374	8,897	9,945	10,91	7,888	8,381	8,903	9,948	10,91
	(reales Gasverhalten) $p = 100\ \text{bar}_a$					(reales Gasverhalten) $p = 350\ \text{bar}_a$				
T/K	250	273	298	350	400	250	273	298	350	400
n-H_2	8,057	8,521	9,018	10,03	10,96	8,968	9,316	9,710	10,56	11,39

Anmerkungen: 1) siehe auch Tabelle 2.6 im *Buch Wasserstofftechnik*

Mit den Stützwerten kann mit Formel 2.19 und Formel 2.20 unter Zuhilfenahme des Sekantennäherungsverfahrens (Regula Falsi) auf andere Druck- und Temperaturbedingungen umgerechnet werden.

Mit $T_1 < T < T_2$ folgt

$$\eta = \eta_1 + \frac{\eta_2 - \eta_1}{T_2 - T_1}(T - T_1)$$ Formel 2.19

Mit $p_1 < p < p_2$ folgt

$$\eta = \eta_1 + \frac{\eta_2 - \eta_1}{p_2 - p_1}(p - p_1)$$ Formel 2.20

In Tabelle 2.4 werden Stützwerte für die Wärmeleitfähigkeit λ von Wasserstoff geliefert. Sie wird benötigt, um die Wärmeleitung durch eine Wasserstoffatmosphäre zu bestimmen.

Tabelle 2.4 Wärmeleitfähigkeit λ/mW/(m K) des n-Wasserstoffs 1)

	(reales Gasverhalten) p = 1 bar_a					(reales Gasverhalten) p = 10 bar_a				
T/K	250	273	298	350	400	250	273	298	350	400
n-H_2	161,4	174,6	185,7	209,7	231,1	162,7	174,6	186,9	210,7	232,1
	(reales Gasverhalten) p = 100 bar_a					(reales Gasverhalten) p = 350 bar_a				
T/K	250	273	298	350	400	250	273	298	350	400
n-H_2	171,5	182,9	194,7	217,8	238,7	194,8	203,8	219,4	233,1	251,51

Anmerkungen: 1) siehe auch Tabelle 2.8 und Tabelle A.4 im Anhang A im *Buch Wasserstofftechnik*

Mit $T_1 < T < T_2$ folgt

$$\lambda = \lambda_1 + \frac{\lambda_2 - \lambda_1}{T_2 - T_1}(T - T_1)$$ Formel 2.21

Mit $p_1 < p < p_2$ folgt

$$\lambda = \lambda_1 + \frac{\lambda_2 - \lambda_1}{p_2 - p_1}(p - p_1)$$ Formel 2.22

In der Aufgabe 6 wird über die Sekantennäherungsformel die dynamische Viskosität und die Wärmeleitfähigkeit von Wasserstoff für einen Druck- und Temperaturzustand berechnet, der nicht in der vorangestellten Tabelle 2.3 und Tabelle 2.4 zu finden ist.

Aufgabe 6

Für das Wertepaar ($T = 285\,\text{K}; p = 50\,\text{bar}_a$) sollen

1. die reale dynamische Viskosität η und
2. die Wärmeleitfähigkeit λ

des n-Wasserstoffs bestimmt werden.

Die für die Lösung der Aufgabenstellung erforderlichen Werte sind zunächst nicht bekannt und müssen durch das Sekantennäherungsverfahren (Regula falsi) mit Daten aus Tabelle 2.3 und Tabelle 2.4 ergänzt werden.

Das Ergebnis zur dynamischen Viskosität ist auf drei Dezimalstellen und zur Wärmeleitfähigkeit auf eine Dezimalstelle zu runden.

Die Lösung ist im Abschnitt 11.1 zu finden.

Hinweis

Weitere Auskünfte über den thematischen Zusammenhang finden Sie im Buch *Wasserstofftechnik* im Abschnitt 2.2.9 (dynamische Viskosität) und 2.2.11 (Wärmeleitfähigkeit).

2.1.6 Anteile und Konzentrationen in Mischungen

Mischungen aus Wasserstoff und weiteren Komponenten sind das tägliche Brot im Umgang mit dem kleinsten Element des Periodensystems. Sei es, dass der Wasserstoff einem anderen Fluid, wie in Bild 2.9 dem Methan, beigemischt wird oder dass das Produkt Wasserstoff aus einer Elektrolyseanlage nicht gänzlich rein ist, sondern Spuren von Sauerstoff aufweist. Die entscheidenden Größen sind die molaren Anteile y, die Massenanteile w oder Volumenanteile φ der an der Mischung beteiligten Stoffe, die jeweils in die anderen Größen umgerechnet werden können.

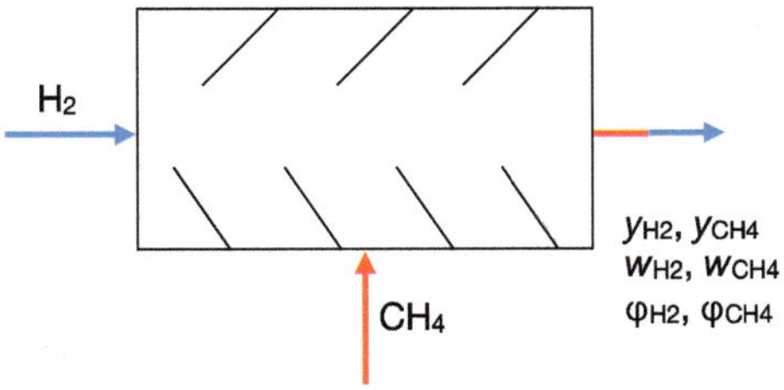

Bild 2.9 Mischung unter Beteiligung des Wasserstoffs und einer weiteren Komponente

Die mathematische Anleitung zur Bestimmung der Anteile und deren Umrechnung ist den Formeln in Tabelle 2.5 zu entnehmen.

Tabelle 2.5 Massen-, Volumen- und Stoffmengenanteile und deren Umrechnung

Anteile	Massenanteil w_i	Volumenanteil φ_i	Stoffmengenanteil y_i
$w_i = \frac{m_i}{\sum_{j=1}^{n} m_j}$	$\sum_{j=1}^{n} w_j = 1$	$\varphi_i = \frac{w_i}{\varrho_i \sum_{j=1}^{n} \frac{w_j}{\varrho_j}}$	$y_i = \frac{w_i}{M_i \sum_{j=1}^{n} \frac{w_j}{M_j}}$

Tabelle 2.5 Massen-, Volumen- und Stoffmengenanteile und deren Umrechnung *(Fortsetzung)*

Anteile	Massenanteil w_i	Volumenanteil φ_i	Stoffmengenanteil y_i
$\varphi_i = \frac{V_i}{\sum_{j=1}^{n} V_j}$	$w_i = \frac{\varphi_i \varrho_i}{\sum_{j=1}^{n} \varphi_j \varrho_j}$	$\sum_{j=1}^{n} \varphi_j = 1$	$y_i = \frac{\varphi_i \varrho_i}{M_i \sum_{j=1}^{n} \frac{\varphi_j \varrho_j}{M_j}}$
$y_i = \frac{n_i}{\sum_{j=1}^{n} n_j}$	$w_i = \frac{y_i M_i}{\sum_{j=1}^{n} y_j M_j}$	$\varphi_i = \frac{y_i M_i}{\varrho_i \sum_{j=1}^{n} \frac{y_j M_j}{\varrho_j}}$	$\sum_{j=1}^{n} y_j = 1$

Anmerkung: M_i ist die molare Masse der Komponente i; ϱ_i ist die Gasdichte des Stoffes i für den Zustand p, T.

Volumenanteile beim Zustand p_1, T_1 können in die des Zustandes p_2, T_2 mit folgender Formel umgewandelt werden:

$$\varphi_i(p_2, T_2) = \frac{\varrho_i(p_1, T_1)}{\varrho_i(p_2, T_2)} \varphi_i(p_1, T_1) \frac{1}{\sum_{j=1}^{n} \frac{[\varrho_j(p_1, T_1) \varphi_j(p_1, T_1)]}{\varrho_j(p_2, T_2)}} \quad \text{Formel 2.23}$$

Die Umrechnung von Stoffmengenanteilen in Massen- und Volumenanteile ist Bestandteil der Bilanzierung eines Mischvorganges in einem Gasnetz, in das Wasserstoff mit einem vorgegebenen Anteil eingespeist wird. Zur Vereinfachung gehen wir im Leitungssystem von einem Grundgas Methan aus. Bild 2.10 zeigt die leitungstechnische Zusammenführung beider Stoffströme.

Bild 2.10 Einspeisung eines Wasserstoffvolumenstromes in ein Methangassystem

Die Mischung zweier Gase und die Berechnung der Anteile sind Gegenstand der nachfolgenden Aufgabe 7.

Aufgabe 7

Ein Mischgasvolumen besteht nach Zudosierung von Wasserstoff zum Grundgas Methan hinter dem statischen Mischer und der Mengenmessung nach Bild 2.10 aus 30 Molprozent n-Wasserstoff (1) und 70 Molprozent Methan (2).

Der Betriebsdruck ist $p = 200\,\text{bar}_\text{ü}$ und die Betriebstemperatur $\vartheta = 18°C$. Der Umgebungsdruck ist $p_0 = 1\,\text{bar}$.

Es sollen

1. die Massen- und
2. die Volumenanteile

für den Zustand p, T bestimmt werden.

Zur Umrechnung werden für die reinen Komponenten und für den realen Gaszustand folgende Größen für die Komponenten (1) und (2) benötigt: $z_1 = 1{,}1255$; $z_2 = 0{,}8055$

Die Ergebnisse sind auf drei Dezimalstellen zu runden.

Die Lösung ist im Abschnitt 11.1 zu finden.

Eine weitere Größe zur Beschreibung von Mischungen ist die Konzentration, die als Massenkonzentration β, Volumenkonzentration σ und Stoffmengenkonzentration c nach den Formeln in Tabelle 2.6 berechnet und jeweils in die anderen Größen umgerechnet werden können.

Tabelle 2.6 Massen-, Volumen- und Stoffmengenkonzentrationen und deren Umrechnung

Konzentration	Massenkonzentration β_i	Volumenkonzentration σ_i	Stoffmengenkonzentration c_i
$\beta_i = \frac{m_i}{V_G}$		$\sigma_i = \frac{\beta_i}{\varrho_i}$	$c_i = \frac{\beta_i}{M_i}$
$\sigma_i = \frac{V_i}{V_G}$	$\beta_i = \sigma_i \varrho_i$		$c_i = \frac{\sigma_i \varrho_i}{M_i}$
$c_i = \frac{n_i}{V_G}$	$\beta_i = c_i M_i$	$\sigma_i = \frac{c_i M_i}{\varrho_i}$	

Anmerkung: M_i ist die molare Masse der Komponente i; ϱ_i ist die Gasdichte des Stoffes i für den Zustand p, T.

Bezugsgröße zur Bestimmung der Konzentrationen ist das Gasvolumen V_G. Die Größen sind daher abhängig von Druck p und von der Temperatur T des Gassystems und müssen bei Bedarf in andere Druck- und Temperaturzustände umgerechnet werden können. Die Rechenvorschriften sind Tabelle 2.7 zu entnehmen.

Tabelle 2.7 Umrechnung von Konzentrationen des Zustandes 1 in den Zustand 2

Konzentration beim Zustand p_1, T_1	Konzentration beim Zustand p_2, T_2
Massenkonzentration $\beta_i(p_1,T_1)$	$\beta_i(p_2,T_2)=\beta_i(p_1,T_1)\frac{\varrho_G(p_2,T_2)}{\varrho_G(p_1,T_1)}=\beta_i(p_1,T_1)\frac{z_G(p_1,T_1)}{z_G(p_2,T_2)}\frac{p_2}{p_1}\frac{T_1}{T_2}$
Volumenkonzentration $\sigma_i(p_1,T_1)$.	$\sigma_i(p_2,T_2)=\sigma_i(p_1,T_1)\frac{\varrho_G(p_2,T_2)}{\varrho_G(p_1,T_1)}\frac{\varrho_i(p_1,T_1)}{\varrho_i(p_2,T_2)}$ $\sigma_i(p_2,T_2)=\sigma_i(p_1,T_1)\frac{z_G(p_1,T_1)}{z_G(p_2,T_2)}\frac{z_i(p_2,T_2)}{z_i(p_1,T_1)}$
Stoffmengenkonzentration $c_i(p_1,T_1)$	$c_i(p_2,T_2)=c_i(p_1,T_1)\frac{\varrho_G(p_2,T_2)}{\varrho_G(p_1,T_1)}=c_i(p_1,T_1)\frac{z_G(p_1,T_1)}{z_G(p_2,T_2)}\frac{p_2}{p_1}\frac{T_1}{T_2}$

Anmerkung: ϱ_G ist die Dichte der Gasmischung und ϱ_i ist die Dichte für die reine Komponente *i* jeweils für den Druck *p* und für die Temperatur *T*; z_G ist die Realgaszahl für die Gasmischung und z_i ist die Realgaszahl der reinen Komponente *i* jeweils für den Druck *p* und für die Temperatur *T*. Wenn *i* ein Spurengas ist, dann ist ϱ_G die Dichte des Hauptgases.

Konzentrationen können bei Erfordernis in Anteile nach Tabelle 2.8 umgewandelt werden.

Tabelle 2.8 Umwandlung von Konzentrationen in Anteile

Konzentration	Massenanteil	Volumenanteil	Stoffmengenanteil
Massenkonzentration β_i	$w_i=\frac{\beta_i}{\varrho_G}$		
Volumenkonzentration σ_i		$\varphi_i \cong \sigma_i$	
Stoffmengenkonzentration c_i			$y_i=c_i\frac{M_G}{\varrho_G}$

Anmerkung: ϱ_G ist die Dichte der Gasmischung; ist i ein Spurengas, so ist ϱ_G die Dichte des Hauptgases

In der nachfolgenden Aufgabe 8 sollen unbekannte Konzentrationen in einer Mischung aus hauptsächlich Wasserstoff und wenig Kohlendioxid bestimmt werden und in andere Betriebszustände und in die jeweiligen Anteile umgerechnet werden.

Aufgabe 8

In einem Wasserstoffvolumen nach Bild 2.11 ist bei einem Betriebsdruck $p = 15\,\text{bar}_ü$ und einer Betriebstemperatur $\vartheta = 70°\text{C}$ Kohlenstoffdioxid in einer Volumenkonzentration von $\sigma_{CO_2} = 500$ ppmv enthalten.

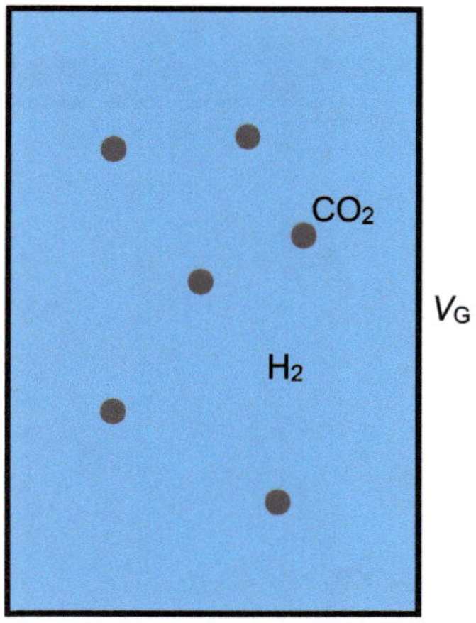

Bild 2.11
Kohlendioxid als Spurengas in einem Wasserstoffvolumen

Folgende Größen sind bekannt:

Stoff	M / kg / kmol	ϱ / kg / m³	ϱ_n / kg / m³	ϱ^{Θ} / kg / m³
n-Wasserstoff	2,0158	1,1251	0,08989	0,0813
Kohlenstoffdioxid	44,01	26,088	1,9768	1,7851

1. Alle fehlenden Konzentrationen sollen bestimmt werden und danach vom Betriebszustand p,T in den Normzustand p_n, T_n und in den Standardzustand p^{Θ},T^{Θ} umgerechnet werden.
2. Die für den Betriebszustand p,T angegebenen Konzentrationen sind in die jeweiligen Anteile umzuwandeln.

Die Ergebnisse sind auf drei Dezimalstellen zu runden.

Die Lösung ist im Abschnitt 11.1 zu finden.

Hinweis

Weitere Auskünfte über den thematischen Zusammenhang finden Sie im Buch *Wasserstofftechnik* im Abschnitt 2.2.12 (Anteile und Konzentrationen von Mischungen).

2.1.7 Anwendung von Mischungsregeln

Die spezifischen Größen molare Masse M, das spezifische Volumen v, die Dichte ϱ, die spezifische isobare Wärmekapazität c_p, die kinematische Viskosität η, die Wärmeleitfähigkeit λ und die Parameter der PR-Gleichung nach Abschnitt 2.1.2 können für die Mischung von reinen Gasen unter Beteiligung des Wasserstoffs nach den Regeln aus Tabelle 2.9 bestimmt werden.

Tabelle 2.9 Regeln für die Mischung von reinen Gasen

Mischungsgröße	Regeln
Molare Masse M	$M=\sum_{i=1}^{n} y_i M_i$
Spezifisches Volumen v	$v=\sum_{i=1}^{n} y_i v_i$
Spezifische isobare Wärmekapazität c_p	$c_p=\sum_{i=1}^{n} y_i c_{pi}$
Kinematische Viskosität η	$\eta=\sum_i \frac{y_i \eta_i}{\sum_j y_j F_{ij}}$ $F_{ij}=\frac{\left[1+\sqrt{\frac{\eta_i}{\eta_j}}\sqrt[4]{\frac{M_j}{M_i}}\right]^2}{\sqrt{8\left(1+\frac{M_i}{M_j}\right)}}$
Wärmeleitfähigkeit λ	$\lambda=\sum_i \frac{y_i \lambda_i}{\sum_j y_j F_{ij}}$ $F_{ij}=\frac{\left[1+\sqrt{\frac{\lambda_i}{\lambda_j}}\sqrt[4]{\frac{M_j}{M_i}}\right]^2}{\sqrt{8\left(1+\frac{M_i}{M_j}\right)}}$ $F_{ij}=\frac{\left[1+\sqrt{\frac{\lambda_i}{\lambda_j}}\sqrt[4]{\frac{M_j}{M_i}}\right]^2}{\sqrt{8\left(1+\frac{M_i}{M_j}\right)}}$
Parameter $a(T)$ der PR-Gleichung	$a(T)=\sum_{i=1}^{n}\sum_{j=1}^{n} y_i y_j a_{i,j}$ $a_{i,j}=\sqrt{a_i a_j}\left(1-k_{i,j}\right)$
Parameter b	$b=\sum_{i=1}^{n} y_i b_i$

Anmerkungen: nach A. Pfennig (2004) und VDI-Wärmeatlas (2006): Der binäre Parameter $k_{i,j}$ kann zu Null gesetzt werden, solange nicht Phasengleichgewichte, sondern Gasvolumina bzw. Realgaszahlen in der Gasphase berechnet werden.

Die in dargestellten Regeln sollen in der folgenden Aufgabe 9 für eine Mischung aus Wasserstoff und Methan angewendet werden.

Aufgabe 9

Eine Mischung unter dem absoluten Systemdruck $p = 5\,\text{bar}_a$ und unter der Systemtemperatur $T = 350\,\text{K}$ besteht aus 50 mol-% n-Wasserstoff (1) und 50 mol-% Methan (2).

Die Stoffdaten der PR-Gleichung sind in Tabelle 2.2 und die molaren Massen und kritischen Temperaturen sind in Tabelle 2.1 zu finden. Für beide an der Mischung beteiligten reinen Gase sind außerdem folgende Größen bekannt:

Größe	Einheit	n-Wasserstoff	Methan
Wärmekapazität c_p	kJ/(kg K)	14,44	2,39
Viskosität η	µPa s	9,946	12,749
Wärmeleitfähigkeit λ	mW/(m K)	210,144	41,822

Es sollen folgende thermodynamischen Gemischgrößen bestimmt werden:

1. molare Masse M,
2. spezifische isobare Wärmekapazität c_p,
3. dynamische Viskosität η,
4. Wärmeleitfähigkeit λ und
5. die Parameter $a(T)$ und b für die PR-Zustandsgleichung.

Zur Berechnung der dynamischen Viskosität η und der Wärmeleitfähigkeit λ für das Gemisch müssen die jeweiligen Parameter F_{ij} und zur Bestimmung des Parameters $a(T)$ der PR-Gleichung muss der Kreuzkoeffizient $a_{i,j}$ ermittelt werden.

Die Ergebnisse sind bis auf drei Dezimalstellen zu runden.

Die Lösung ist im Abschnitt 11.1 zu finden.

Hinweis

Weitere Auskünfte über den thematischen Zusammenhang finden Sie im Buch *Wasserstofftechnik* im Abschnitt 2.2.13 (Mischungsregeln).

2.2 Permeationsverhalten von Wasserstoff

Wasserstoff permeiert durch alle Werkstoffe. Dieser Begriff stammt vom lateinischen Verb *permeare* und heißt übersetzt *durchwandern*. Die Permeation betrifft alle mit Wasserstoff in Kontakt kommenden Anlagen, wie beispielsweise die in Bild 2.10 abgebildete Einspeiseanlage für Wasserstoff in ein nachgeschaltetes Erdgassystem.

Die Permeation umschreibt verschiedene einzelne nacheinander ablaufende Vorgänge. Sie sind zusammengefasst in Bild 2.12 dargestellt. Es beginnt mit der Aufnahme des Wasserstoffs von der Wasserstoffseite der Anlage in den Werkstoff, auch Löslichkeit genannt, und endet mit der Diffusion des Wasserstoffs durch den Werkstoff hin zur wasserstofffreien Außenseite.

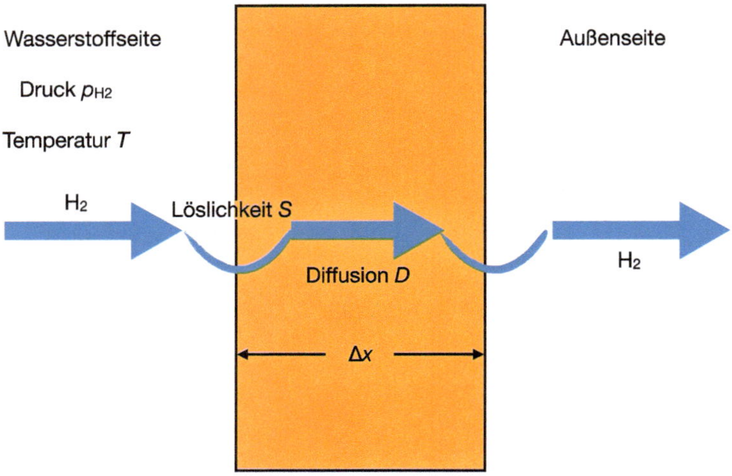

Bild 2.12 Die Permeation von Wasserstoff durch Werkstoffe

Durch Metalle diffundiert das Gas als atomarer Wasserstoff, durch Kunststoffe hingegen in molekularer Form.

Hinweis

Weitere Auskünfte über den thematischen Zusammenhang finden Sie im Buch *Wasserstofftechnik* im Abschnitt 2.4 (Permeationseigenschaften des Wasserstoffs).

Welche Wasserstoffmengen können im Zuge der Permeation die Anlage verlassen? Die Beantwortung dieser Frage hängt unter anderem vom eingesetzten Werkstoff ab.

2.2.1 Permeation durch Metalle

Die Permeation ϕ setzt sich aus Löslichkeit S und Diffusion D zusammen. Es gilt das 1. Fick'sche Gesetz. Einflussgrößen sind die Permeationskonstante ϕ_0, die spezifische Aktivierungsenergie des Werkstoffes E_ϕ, die molare Gaskonstante R_m und die Systemtemperatur T.

$$\phi = DS = \phi_0 e^{\frac{-E_\phi}{R_m T}} \qquad \text{Formel 2.24}$$

Die Löslichkeit des Wasserstoffs S kann mithilfe der Löslichkeitskonstanten S_0, der Aktivierungsenergie des Werkstoffes E_S, der molaren Gaskonstante R_m und der Systemtemperatur T gebildet werden:

$$S = \frac{\phi}{D} = S_0 e^{\frac{-E_S}{R_m T}} \qquad \text{Formel 2.25}$$

Der Diffusionskoeffizient D setzt sich aus der Diffusionskonstanten D_0, der spezifischen Aktivierungsenergie des Werkstoffes E_D, der molaren Gaskonstante R_m und der Systemtemperatur T zusammen:

$$D = \frac{\phi}{S} = D_0 e^{\frac{-E_D}{R_m T}} \qquad \text{Formel 2.26}$$

Der Vorgang der im Zuge der Permeation entweichende Wasserstoffmassenstroms $\dot{J}_{H_2}$ wird unter Zuhilfenahme der molaren Masse M, der Schichtdicke der Wandstärke Δx und der wirksamen Behälter- oder Rohrleitungsoberfläche A sowie des Wasserstoffpartialdrucks p_{H_2} berechnet.

$$\dot{J}_{H_2} = \frac{\phi M A}{\Delta x} \sqrt{p_{H_2}} \qquad \text{Formel 2.27}$$

In den nachfolgenden zwei Aufgaben 10 und 11 werden beispielhaft die zuvor genannten Größen für die Permeation durch metallische Wandungen bestimmt. Die erforderlichen Permeationskonstanten und Aktivierungsenergien der betrachteten Werkstoffe sind hierbei Tabelle 2.10 zu entnehmen.

Tabelle 2.10 Daten zur Abschätzung der Wasserstoffpermeation durch metallische Wandungen

Material	ϕ_0	E_ϕ	S_0	E_S	Anm.
	$\frac{mol}{m\,s\sqrt{MPa}}$	$\frac{kJ}{mol}$	$\frac{mol}{m^3\sqrt{MPa}}$	$\frac{kJ}{mol}$	
AISI 1020	$3{,}77 \cdot 10^{-5}$	35,07	202,4	24,70	1)
A517(F)	$15 \cdot 10^{-5}$	39,3	3)	3)	2)

Anmerkungen: 1) AISI 1020 (kurz: 1020) entspricht von der Festigkeit einem Stahl C22, unlegierter Baustahl im Maschinen- und Fahrzeugbau; 2) Cr-Mo-Stahl, normalgeglüht, im Druckbehälterbau; 3) keine verwertbaren Daten verfügbar

Aufgabe 10

Ein geschlossener Behälter aus Stahl in einer Wasserstofftankstelle mit einem Außendurchmesser $d_a = 500\,\text{mm}$ und einer Wandstärke $\Delta x = 5{,}6\,\text{mm}$ soll für die Zwischenspeicherung von Wasserstoff eingesetzt werden. Es kommt der Werkstoffe ASTM 517 (A517/(F)) in Frage.

1. Es sind für die Betriebsparameter $p = 40\,\text{bar}_\text{ü}$ und $T = 333\,\text{K}$ die Permeationsrate ϕ,
2. der resultierende stündliche und jährliche Wasserstoff-Massenstrom $\dot{J}_{H_2}$ und
3. der durch die Permeation freigesetzte stündliche Wasserstoff-Volumenstrom $\dot{V}_{H_2,n}$ im Normzustand

für eine Behälterhöhe von $h = 2{,}5$ m zu bestimmen. Die erforderlichen Flächenberechnungen sollen sich auf den mittleren Durchmesser d_m beziehen.

Die Ergebnisse sind bis auf zwei Dezimalstellen zu runden.

Die Lösung ist im Abschnitt 11.1 zu finden.

Aufgabe 11

Für einen Rohrleitungsabschnitt aus dem Stahlwerkstoff X42 (vergleichbar mit AISI 1020) in DN 250 mit dem Außendurchmesser $d_a = 273\,\text{mm}$ und einer Wandstärke $\Delta x = 5{,}6\,\text{mm}$ soll die zu erwartende Permeation bestimmt werden. Der maximale Druck in der Leitung beträgt $p = 70$ $\text{bar}_\text{ü}$ und die Temperatur ist $T = 298{,}15\,\text{K}$. Die erforderlichen Flächenberechnungen sollen sich auf den mittleren Rohrdurchmesser d_m beziehen.

Konkret sollen

1. die Permeation ϕ,
2. die Löslichkeit S,
3. die Diffusion D,
4. der resultierende Wasserstoffmassenstrom je Sekunde und Jahr $\dot{J}_{H_2}$ je m Leitungslänge und
5. der freigesetzte stündliche Wasserstoffvolumenstrom im Normzustand in Liter je m Leitungslänge $\dot{V}_{H_2,n}$.

berechnet werden.

Die Ergebnisse sind bis auf zwei Dezimalstellen zu runden.

Die Lösung ist im Abschnitt 11.1 zu finden.

Hinweis

Weitere Auskünfte über den thematischen Zusammenhang finden Sie im Buch *Wasserstofftechnik* im Abschnitt 2.4.1 (Permeation durch metallische Werkstoffe).

2.2.2 Permeation durch Kunststoffe

Natürlich ist Wasserstoff auch in der Lage, durch Kunststoffwandungen zu permeieren. Dies muss beispielsweise bei der Verteilung von H_2 in lokalen Rohrnetzen, in denen Rohre aus PE, PA oder PP eingebaut sind, beachtet werden. Bild 2.13 zeigt einen kurzen Rohrleitungsabschnitt aus HDPE-Rohren mit einer Schließarmatur auf einem Teststand, der für die Verteilung von H_2 an nachgeschaltete Verbrauchsstellen geeignet ist.

Bild 2.13 HDPE-Rohrleitungsstrang mit Schließarmatur auf einem Teststand

Das bereits im Abschnitt 2.2.1 erwähnte 1. Fick'sche Gesetz kommt auch bei der Abschätzung der Permeationsrate durch Kunststoffe in Formel 2.28 zur Anwendung.

$$\dot{J}_{H_2} = \frac{\phi M A}{\Delta x} p_{H_2} = \frac{\phi_0 e^{\frac{-h_\phi}{R_m T}} M A}{\Delta x} p_{H_2} \qquad \text{Formel 2.28}$$

Um die Größenordnung einer Permeation durch Polymere zu erfahren, ist nachfolgende Aufgabe 12 zu rechnen.

Aufgabe 12

Für eine Wasserstoffleitung aus Polypropylen (PP-H 100) der Länge 1000 m, mit dem Außendurchmesser $d_a = 250\,\text{mm}$, der Wandstärke $s = \Delta x = 7{,}7\,\text{mm}$, einem maximalen Betriebsdruck $p = 3{,}9\,\text{bar}_ü$ und einer Temperatur $\vartheta = 40°\text{C}$ sind

1. die durch Permeation freigesetzte jährliche Wasserstoffmenge $\dot{J}_{H_2}$ und
2. der Wasserstoffvolumenstrom $\dot{V}_{H_2,n}$ im Normzustand in Liter je Stunde

zu ermitteln.

Die für PP anzunehmenden Größen Permeationskonstante ϕ_0 und Aktivierungsenergie h_ϕ sind:

$\phi_0 = 99{,}9 \cdot 10^{-3}\,\text{mol}/(\text{m s MPa}); h_\phi = 38{,}5\,\text{kJ}/\text{mol}$

Die erforderlichen Flächenberechnungen sollen sich auf den mittleren Rohrdurchmesser d_m beziehen.

Die Ergebnisse sind bis auf zwei Dezimalstellen zu runden.

Die Lösung ist im Abschnitt 11.1 zu finden.

Hinweis

Weitere Auskünfte über den thematischen Zusammenhang finden Sie im Buch *Wasserstofftechnik* im Abschnitt 2.4.2 (Permeation des Wasserstoffs durch Polymere).

2.3 Metallversprödung unter Wasserstoffeinfluss

Um den Einfluss des Wasserstoffs auf die Werkstoffstabilität von Metallen zu beurteilen, ist die Feststellung der Betriebsfahrweise nach Bild 2.14 von besonderer Bedeutung. Ist der Betrieb der zu untersuchenden Anlage über der Zeit quasistationärem oder von einem Zustand stark schwellender Druckverhältnisse gekennzeichnet? Von der Beantwortung dieser Frage hängt unter anderem ab, wie der Nachweis gegen Wasserstoffversprödung geführt wird.

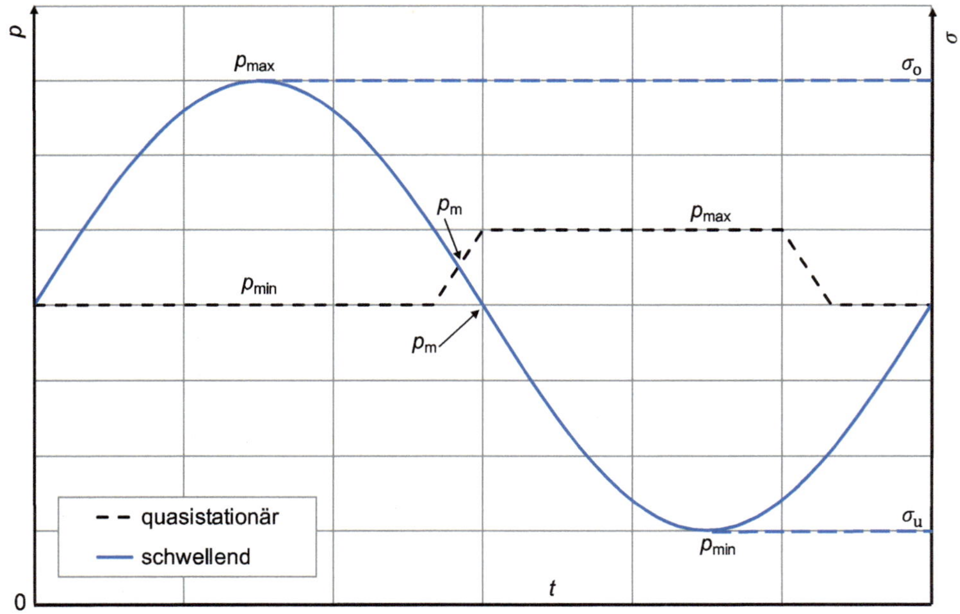

Bild 2.14 Unterschiedliche Zustände einer mit Wasserstoff betriebenen Anlage über der Zeit

2.3.1 Versprödung bei quasistationärem Betriebszustand

Zu den Anlagen der Wasserstoffwelt, die in der Regel mit konstantem Druck betrieben werden, gehören die Elektrolyseanlagen. Zum Elektrolyseur gehören auch eine Reihe weiterer mit Wasserstoff versorgter Anlagenteile, wie die Trocknungsanlage oder eine nachgeschaltete Reinigungsanlage. Für alle vom Wasserstoff beaufschlagten Anlagen und Rohrleitungen sind Berechnungen zum Festigkeitsverhalten zu machen.

Hinweis

Weitere Auskünfte über den thematischen Zusammenhang finden Sie im Buch *Wasserstofftechnik* im Abschnitt 2.5 (Metallische Werkstoffe unter Wasserstoffeinfluss).

2.3.1.1 Spannungsberechnung an einer Rissspitze

Für die im Zusammenhang mit Wasserstoff untersuchte Gefährdung von Bauteilen durch Sprödbruch wird der Beanspruchungsfall Belastung durch Zugkräfte (Mode I) angenommen. Die linear-elastische Bruchmechanik (LEBM) liefert die anzuwendenden Regeln. Betrachtet wird ein Innenriss unter Normalspannung in einem Bauteil unter Wasserstoffeinfluss nach Bild 2.15.

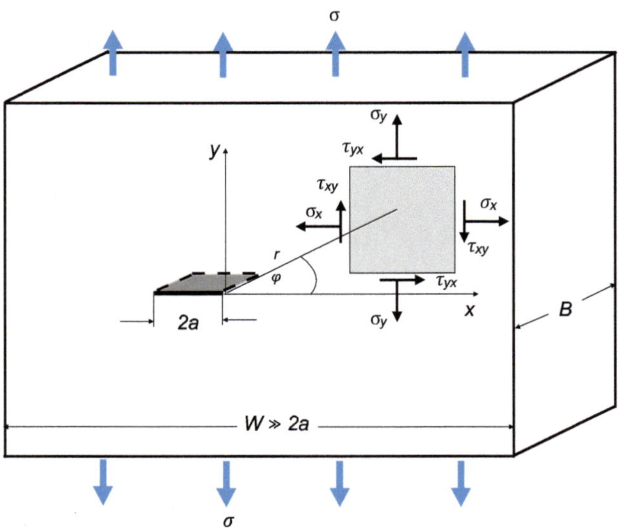

Bild 2.15 Innenriss unter Normalspannung

Werden wie beim Sprödbruch an der Rissspitze Querdehnungen senkrecht zur Wand fast vollständig behindert, liegt ein ebener Dehnungszustand EDZ vor.

Die im Bild 2.15 dargestellten Hauptnormalspannungen können nach den Formeln in Tabelle 2.11 berechnet werden.

Tabelle 2.11 Hauptnormalspannungen bei einem durchgehenden Innenriss nach Bild 2.15

Hauptnormalspannung	Formeln
σ_x	$\sigma_x = \sigma\sqrt{\frac{a}{2x}}\cos\frac{\varphi}{2}\left(1 - \sin\frac{\varphi}{2}\sin\frac{3\varphi}{2}\right)$
σ_y	$\sigma_y = \sigma\sqrt{\frac{a}{2x}}\cos\frac{\varphi}{2}\left(1 + \sin\frac{\varphi}{2}\sin\frac{3\varphi}{2}\right)$
σ_z	$\sigma_z = \mu\left(\sigma_x + \sigma_y\right)$
τ_{xy}	$\tau_{xy} = \sigma\sqrt{\frac{a}{2x}}\cos\frac{\varphi}{2}\sin\frac{\varphi}{2}\cos\frac{3\varphi}{2}$

Zur Vertiefung ist die Bearbeitung der Aufgabe 13 empfohlen.

Aufgabe 13

Für einen durchgehenden Innenriss a aufgrund einer äußeren Nennspannung $\sigma = F / WB$ sollen unter den Voraussetzungen des LEBM-Ansatzes und eines ebenen Dehnungszustandes (EDZ) die dimensionslosen Spannungen wie $\sigma_x / (\sigma\sqrt{a / 2x})$ an der Rissspitze x eines metallischen Werkstoffs (Querkontraktionszahl $\mu = 0{,}3$) für verschiedene Winkel von Hauptspannungsebenen zur Rissachse ($\varphi = 0°, 30°, 60°, 90°$) ermittelt werden.

Die Ergebnisse sind auf zwei Dezimalstellen zu runden.

Die Lösung ist im Abschnitt 11.1 zu finden.

2.3.1.2 Anwendung des Leck-vor-Bruch-Kriteriums

Um bei quasistationärem Betrieb sicher zu stellen, dass das mit Wasserstoff beaufschlagte Betriebsmittel nicht durch Versprödung seine Gebrauchsfähigkeit verliert, sollte zum einen nachgewiesen werden, dass der Spannungsintensitätsfaktor K_I den werkstoffspezifischen Spannungsintensitätsfaktor K_IC nicht erreicht:

$$K_\mathrm{I} < K_\mathrm{IC} \qquad \text{Formel 2.29}$$

Es ist außerdem sicher zu stellen, dass bei den betroffenen Bauteilen die auftretenden Risslängen a_r immer weit geringer als die kritische Risslänge a_c ist:

$$a_\mathrm{r} \ll a_\mathrm{c} \qquad \text{Formel 2.30}$$

Mit der Hilfe des kritischen Spannungsintensitätsfaktors K_{IC}, und eines von der Rissgeometrie abhängigen Geometriefaktors β und unter der Hauptnormalspannung σ_n, die für die Rissöffnung verantwortlich ist, kann die kritische Risslänge a_c bestimmt werden:

$$a_c = \frac{1}{\pi}\left(\frac{K_{IC}}{\beta\sigma_n}\right)^2 \qquad \text{Formel 2.31}$$

Das Leck-vor-Bruch-Kriterium bei unter Druck stehenden Leitungen und Behältern stellt nach R. Bürgel (2005) sicher, dass die rechnerisch ermittelte kritische Risslänge a_c größer als die tatsächlich vorhandene Wandstärke s ist.

$$a_c > s \qquad \text{Formel 2.32}$$

Damit tritt vor dem Eintreten eines zerstörenden Bruches bereits eine Leckage auf. Der Innendruck sinkt und die zerstörerische Wirkung eines plötzlichen Bauteilversagens nimmt ab.

Hinweis

Weitere Auskünfte über den thematischen Zusammenhang finden Sie im Buch *Wasserstofftechnik* im Abschnitt 2.5.3.5 (Bruchmechanische Bewertung von Bauteilen unter quasistatischer Beanspruchung).

Die Form der Rissausbreitung ist für die Bestimmung des Geometriefaktors von Bedeutung. Es können unterschiedliche Risssysteme nach T.L. Anderson (1995) untersucht werden. Bild 2.16 und Bild 2.17 und die dazugehörigen Tabelle 2.12 und Tabelle 2.13 geben Auskünfte über die Randbedingungen eines betrachteten Risssystems und über die Art der Berechnung des mit einem Riss verbundenen Spannungsintensitätsfaktors K_I.

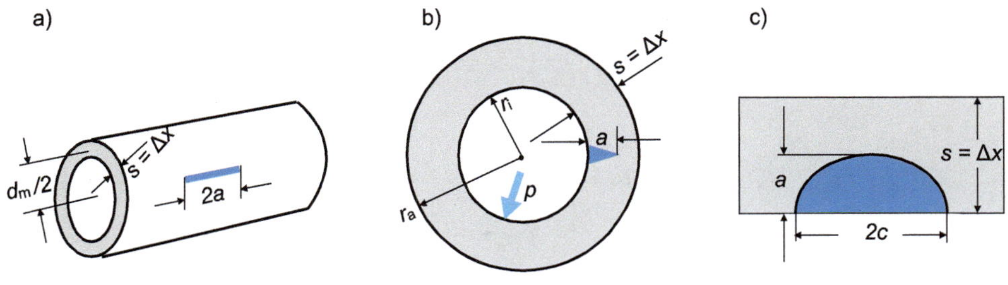

Bild 2.16 Rissarten a) bis c) von zylindrischen Druckbehältern bei Beanspruchung durch Innendruck hervorgerufene Zugkräfte (Mode I)

Tabelle 2.12 Spannungsintensitätsfaktor von zylindrischen Druckbehältern im Belastungsfall Mode I bei Beanspruchung durch Innendruck nach Bild 2.16

Fall	Spannungsintensitätsfaktor $K_I\ /\ MPa\sqrt{m}$
a)	Voraussetzung: $d_m \gg 2s$ mit $d_m = r_a + r_i$ $K_I = \sigma_\varphi \sqrt{\pi a}\sqrt{1+0{,}52X+1{,}29X^2-0{,}074X^3}$ $\sigma_\varphi = \frac{p_ü d_m}{2s}$ $X = \frac{a}{\sqrt{0{,}5 s d_m}}$
b)	Voraussetzungen: $5 \ll d_m / 2s \ll 20$ und $a / s \le 0{,}75$ $K_I = \frac{2 p_ü r_a^2}{r_a^2 - r_i^2}\sqrt{\pi a} C_1$ $C_1 = 1{,}1 + C_2\left(4{,}951\left(\frac{a}{s}\right)^2 + 1{,}092\left(\frac{a}{s}\right)^4\right)$ Für $5 \le r_i / s \le 10$: $C_2 = \left(0{,}125\frac{r_i}{s} - 0{,}25\right)^{0{,}25}$ Ansonsten: $C_2 = \left(0{,}2\frac{r_i}{s} - 1\right)^{0{,}25}$
c)	Voraussetzungen: $5 \ll d_m / 2s \ll 20$; $2c / a \le 12$ und $a / s \le 0{,}8$; K_I wirkt am Scheitelpunkt des Risses $K_I = \sigma_\varphi \sqrt{\frac{\pi a}{Q}} C_3$ $\sigma_\varphi = \frac{p_ü d_m}{2s}$ $C_3 = 1{,}12 + 0{,}053\xi + 0{,}0055\xi^2 + \left(1 + 0{,}02\xi + 0{,}0191\xi^2\right)\frac{\left(20 - \frac{d_m}{2s}\right)^2}{1400}$ $\xi = \frac{2c}{s}$ $Q = 1 + 1{,}464\left(\frac{a}{c}\right)^{1{,}65}$

Anmerkungen: a) Längsriss auf der Außenseite eines zylindrischen Druckbehälters; b) Innenriss in einem Druckbehälter in radialer Richtung; c) Außenriss an einem Druckbehälter in halbelliptischer Form und axialer Ausrichtung

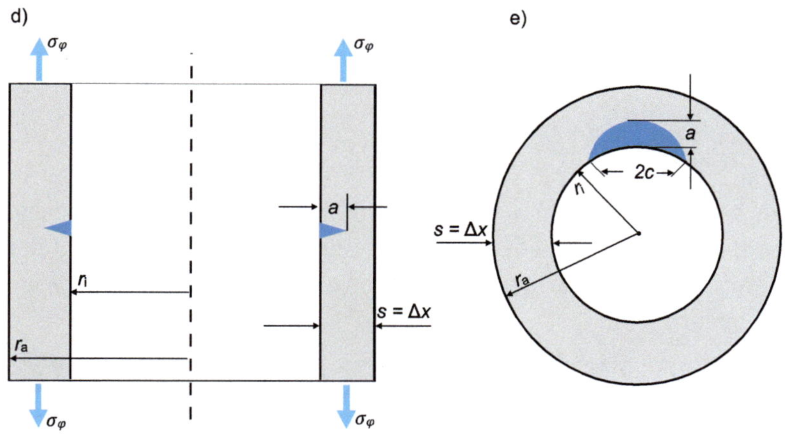

Bild 2.17 Rissarten d) und e) von zylindrischen Druckbehältern im Belastungsfall Mode I bei Beanspruchung durch Innendruck

Tabelle 2.13 Spannungsintensitätsfaktor von zylindrischen Druckbehältern im Belastungsfall Mode I bei Beanspruchung durch Innendruck nach Bild 2.17

Fall	Spannungsintensitätsfaktor K_I / $MPa\sqrt{m}$
d)	$K_I = \sigma_\varphi \sqrt{\pi a} C_4$ $C_4 = 1{,}1 + C_5 \left(1{,}948 \left(\frac{a}{s}\right)^{1{,}5} + 0{,}3342 \left(\frac{a}{s}\right)^{4{,}2}\right)$ Für $5 \le r_i / s \le 10$: $C_5 = \left(0{,}125 \frac{r_i}{s} - 0{,}25\right)^{0{,}25}$ Für $10 \le r_i / s \le 20$: $C_5 = \left(0{,}4 \frac{r_i}{s} - 3\right)^{0{,}25}$
e)	$K_I = \sigma_\varphi \sqrt{\frac{\pi a}{Q}} C_6$ $C_6 = 1 + \left[0{,}02 + \xi(0{,}0103 + 0{,}00617\xi) + 0{,}0035(1 + 0{,}07\xi)\left(\frac{d_m}{2s} - 5\right)^{0{,}7}\right] Q^2$ $\xi = \frac{2c}{s}$ $Q = 1 + 1{,}464 \left(\frac{a}{c}\right)^{1{,}65}$

Anmerkungen: d) Axialsymmetrischer Innenriss in einem Druckbehälter in radialer Richtung; e) Innenriss in einem Druckbehälter in halbelliptischer Form

Die Auswirkung der Betrachtung unterschiedlicher Risssysteme auf den Wert des Spannungsintensitätsfaktors K_I ist Gegenstand der Aufgabe 14.

Aufgabe 14

Für eine mit dem Betriebsdruck $p = 5\,\text{MPa}$ beanspruchte Wasserstoffleitung in DN 400 sollen für den Belastungsfall Mode I für eine Risslänge a und verschiedene Rissformen nach Bild 2.16 und Tabelle 2.12 sowie Bild 2.17 und Tabelle 2.13 der jeweilige Spannungsintensitätsfaktoren K_I bestimmt werden. Für die Leitung liegen folgende Parameter vor:

	äußerer Längsriss	radialer Innenriss	halb-elliptischer Außenriss	axialsymme-trischer Innenriss	halb-elliptischer Innenriss
Tabelle	Tabelle 2.12	Tabelle 2.12	Tabelle 2.12	Tabelle 2.13	Tabelle 2.13
Form	a)	b)	c)	d)	e)
r_a / mm	203,2	203,2	203,2	203,2	203,2
r_i / mm	192,2	192,2	192,2	192,2	192,2
s / mm	11	11	11	11	11
a / mm	2	2	2	2	2
$2c$ / mm			24		24

Anmerkung: a) Längsriss auf der Außenseite; b) Punktueller Innenriss in radialer Richtung; c) Außenriss in halbelliptischer Form und axialer Ausrichtung; d) umlaufender Innenriss; e) Innenriss in halbelliptischer Form

Die Ergebnisse sind auf zwei Dezimalstellen zu runden.

Die Lösung ist im Abschnitt 11.1 zu finden.

Aufgabe 15 verfolgt das Ziel für zwei unterschiedliche Rissformen die kritische Risslänge a_c zu bestimmen und das Leck-vor-Bruch-Kriterium zu überprüfen.

Aufgabe 15

Während in Aufgabe 14 eine Risslänge a von 2 mm unterstellt wurde, sind bei nachträglichen Berechnungen mit beiden Rissformen a) und b) aus Bild 2.16 und Tabelle 2.12 für weitere Risslängen der resultierende Spannungsintensitätsfaktor berechnet worden.

	Rissform a)		Rissform b)	
a / mm	5	10	5	10
K_I / $\text{MPa}\sqrt{\text{m}}$	11,65	17,23	29,08	120,83

Anmerkungen: a) Längsriss auf der Außenseite einer Leitung; b) Punktförmiger Innenriss in einer Leitung in radialer Richtung

Für die in Aufgabe 14 betrachtete Wasserstoffleitung $\left(p = 50\ \text{bar}_{\ddot{u}};\ r_i = 192{,}2\,\text{mm};\ s = 11\,\text{mm}\right)$ soll für die Rissformen a und b

1. die kritische Risslänge a_c bestimmt und
2. das Leck-vor-Bruch-Kriterium überprüft werden.

Als Leitungswerkstoff wird ein niedriglegierter Leitungsstahl X42N (L290N) mit einer Bruchzähigkeit von $K_{IC} = 67\,\text{MPa}\sqrt{\text{m}}$ angenommen. Die Ergebnisse sind zu interpretieren.

Die Ergebnisse sind auf zwei Dezimalstellen zu runden.

Die Lösung ist im Abschnitt 11.1 zu finden.

2.3.2 Risswachstum unter zyklischer Beanspruchung

Der Zusammenhang zwischen Risswachstum und Spannungsintensitätsfaktor metallischer Werkstoffe bei zyklischer Beanspruchung kann durch das Paris-Erdogan-Gesetz beschrieben werden.

$$\frac{da}{dN} = C\left(\Delta K\right)^m \qquad \text{Formel 2.33}$$

Der Exponent m ist eine werkstoffspezifische Größe, die zwischen 2 und 7 liegt, und wird experimentell bestimmt. Die konstante Größe C hängt vom Werkstoff und vom Spannungsverhältnis $R = \sigma_u / \sigma_o$ ab.

Hinweis

Weitere Auskünfte über den thematischen Zusammenhang finden Sie im Buch *Wasserstofftechnik* im Abschnitt 2.5.3.6 (Ermüdungsbruch unter Wasserstoffeinfluss).

Aufgabe 16 zeigt die Vorgehensweise bei der Bestimmung der materialspezifischen Parameter m und C des Paris-Erdogan-Gesetzes.

Aufgabe 16

In Bild 2.18 sind die labortechnischen Versuchsergebnisse zur Rissausbreitungsgeschwindigkeit da/dN in Abhängigkeit vom Spannungsintensitätsfaktor ΔK_I für den Druckbehälterstahl ASTM A516 unter Wasserstoffatmosphäre in einem logarithmischen Diagramm dargestellt. Die Versuche wurden mit einem Spannungsverhältnis $R = 0{,}15$, einem maximalen Druck $p = 69\,\text{bar}$ und bei Raumtemperatur durchgeführt. Die Daten sind bei C. San Marchi et al. (2012, S. 1100/29) zu finden.

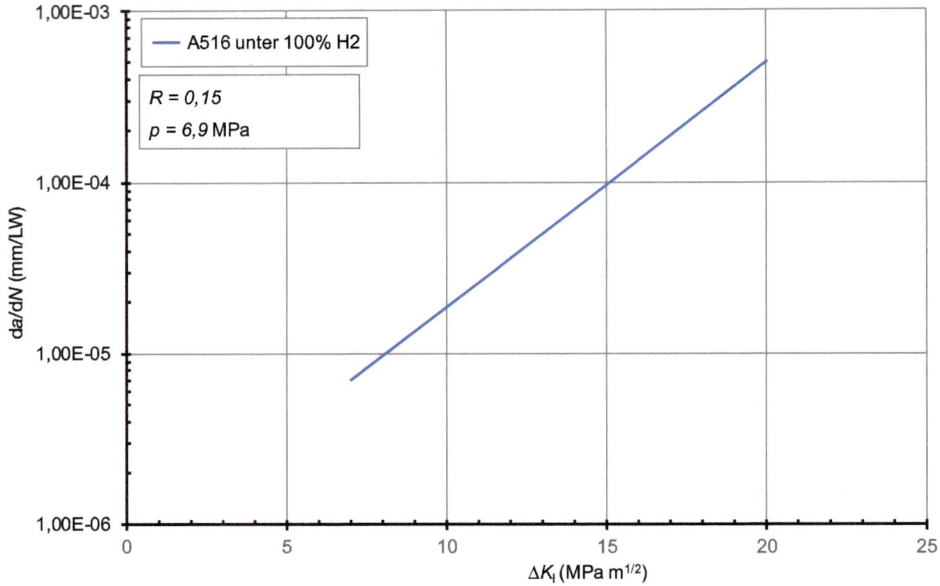

Bild 2.18 Rissausbreitungsgeschwindigkeit in Abhängigkeit vom Spannungsintensitätsfaktor beim Druckbehälterstahl ASTM A516 nach C. San Marchi et al.

Die Kurve gibt als Regressionsgerade den Bereich II – mittlere Rissausbreitungsgeschwindigkeit – wieder und kann mit dem Paris-Erdogan-Gesetz mathematisch dargestellt werden.

Die im Paris-Erdogan-Gesetz enthaltenen Konstanten m und C sollen bestimmt werden.

Die Lösung ist im Abschnitt 11.1 zu finden.

Werden zyklische Beanspruchungen von metallischen Bauteilen unter Wasserstoffeinfluss festgestellt, ist die Feststellung der Anzahl der Lastwechsel auch nach R. Bürgel et al. (2014) bis zu einem Ermüdungsbruch von besonderer Bedeutung. Bild 2.19 zeigt einen Fall von zyklischer Belastung. Aus einem lokalen Wasserstoffnetz wird über eine Tankstelle, über eine Brennstoffzelle (BZ) oder über ein BHKW an ein Wärmenetz und an einen Industriekunden Wasserstoff abgegeben. Bei Bedarf wird aus einem vorgelagerten Netz oder aus einem angeschlossenen Elektrolyseur H_2 nachgespeist. Dabei soll der Betriebsdruck auf der HD-Leitung einen minimalen Versorgungsdruck nicht unterschreiten. Die Druckschwankungen sind nicht zuletzt durch die volatile Inanspruchnahme aus dem Tankstellenbetrieb zurückzuführen. Der sich im Netz einstellende Betriebsdruck hat nachvollziehbar keinen quasistationären Charakter.

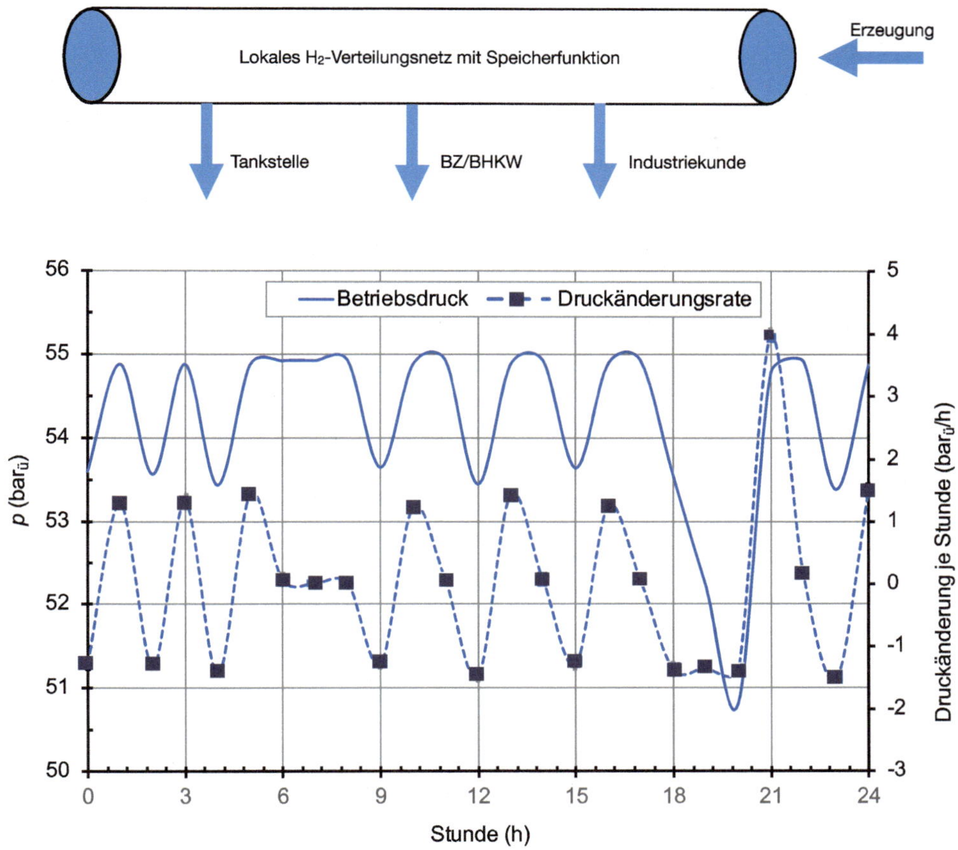

Bild 2.19 Lokales Wasserstoffnetz unter zyklischer Belastung

In diesem Fall ist die Anzahl der kritischen Lastwechsel N_C zu bestimmen. Unter der Voraussetzung, dass $\Delta\sigma\beta = const.$ folgt für N_C:

$$N_C = \frac{2\left(a_c^{1-\frac{m}{2}} - a_a^{1-\frac{m}{2}}\right)}{(2-m)C\left(\Delta\sigma\beta\sqrt{\pi}\right)^m} \qquad \text{Formel 2.34}$$

Die kritische Risslänge kann bestimmt werden über den kritischen Spannungsintensitätsfaktor ΔK_{IC}, über die obere Spannung σ_o und den Geometriefaktor β.

$$a_c = \frac{1}{\pi}\left(\frac{\Delta K_{IC}}{\sigma_o\beta}\right)^2 \qquad \text{Formel 2.35}$$

Die Anfangsrisslänge a_a hat mindestens die Größenordnung der Mindestrisslänge $a_a \geq a_0$.

$$a_a \geq a_0 = \frac{1}{\pi}\left(\frac{\Delta K_{I0}}{\Delta\sigma\beta}\right)^2 \qquad \text{Formel 2.36}$$

Hinweis

Weitere Auskünfte über den thematischen Zusammenhang finden Sie im Buch *Wasserstofftechnik* im Abschnitt 2.5.3.7 (Bewertung von zyklischen Belastungen unter Wasserstoffeinfluss).

In der folgenden Aufgabe 17 wird beispielhaft die Anzahl der kritischen Lastwechsel bestimmt.

Aufgabe 17

Für einen mit der Nennspannung $\sigma_o = 7\,\text{MPa}$ und einem Spannungsverhältnis $R = \frac{\sigma_u}{\sigma_o} = 0{,}15$ schwellend unter Wasserstoff beanspruchten zylindrischen Druckbehälter aus dem Druckbehälterstahl ASTM A516 (Mindeststreckgrenze $R_{eL} = 240\,\text{MPa}$) mit einem Außendurchmesser $d_a = 1200\,\text{mm}$ und einer Wandstärke $s = 32\,\text{mm}$ sollen für den Belastungsfall Mode I und Innenriss in radialer Richtung

1. die Mindestrisslänge a_0,
2. die kritische Risslänge a_c und
3. für den Fall $a_a = a_0$ die Anzahl der kritischen Lastwechsel N_C

bestimmt werden.

Für den Geometriefaktor werden die Ansätze für die Rissform b) in Bild 2.16 und Tabelle 2.12 verwendet.

ΔK_{I0} und ΔK_{IC} sowie die Konstanten m und C sind der Darstellung und der Lösung der Aufgabe 16 im Abschnitt 11.1 zu entnehmen.

Das Ergebnis ist ganzzahlig anzugeben.

Die Lösung ist im Abschnitt 11.1 zu finden.

2.4 Sicherheit von Gemischen mit Wasserstoff

Reiner Wasserstoff ist mit dem Luftsauerstoff innerhalb eines weiten Zündbereiches nach Tabelle 2.14 ein explosionsfähiges Gas, wenn ein Zündfunke mit einer sehr geringen Mindestzündenergie von 0,02 mJ vorhanden ist. Dass nicht nur die untere, sondern auch die obere Zündgrenze Beachtung erfordert, zeigt Bild 2.20 in vier Phasen.

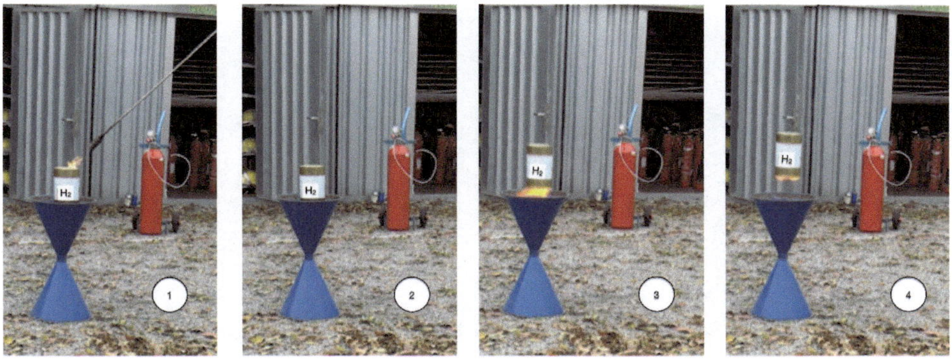

Bild 2.20 Explosion eines mit Wasserstoff gefüllten Behälters, aus dem über eine Deckelöffnung Wasserstoff entweicht, der sich mit Luftsauerstoff mischt und verbrennt

Die gezeigten Teilbilder bedürfen einer Erklärung:

Phase 1:	Ein mit Wasserstoff gefüllter Behälter steht mit der nach unten, offenen Seite auf einem Sockel. Im Behälter herrscht ein Überdruck. Der Behälter hat im Deckel eine Öffnung, aus dem jetzt Wasserstoff entweicht. Dieser mischt sich dabei mit der Luft. Das zündfähige Gemisch an der Oberseite des Behälters wird mit einem Propangasbrenner entzündet.
Phase 2:	Das Wasserstoff-Luft-Gemisch verbrennt. Dabei ist die Flamme für das menschliche Auge nicht sichtbar. Während des Verbrennungsvorgangs findet eine Aufwärtsbewegung des Wasserstoffs im Behälter statt, während gleichzeitig der Druck im Behälter fällt. Dabei wird Luft über den Spalt zwischen Behälter und Sockel nachströmen. Es entsteht im Behälter ein fettes Gemisch aus Wasserstoff und Luft. Dies bedeutet, dass der Wasserstoffanteil immer noch oberhalb der oberen Explosionsgrenze OEG liegt.
Phase 3:	Als der Wasserstoffanteil die obere Explosionsgrenze OEG nach Tabelle 2.14 erreicht, entzündet sich das Mischgas im Behälter an der Flammenfront im Bereich der Deckelöffnung.
Phase 4:	Die Reaktionskinetik der Explosion im Behälter bewirkt einen Rückstoß, der den Behälter vertikal nach oben treibt.

Wenn Wasserstoff in bereits explosionsfähigen Gasmischungen als Zusatzgas eingesetzt wird, verändern sich dadurch die Explosionsgrenzen. Die Gleichung von Le Chatellier in Formel 2.37 gibt die Möglichkeit, die Veränderung zu bestimmen. Da sie für Idealgase entwickelt wurde, kann sie für reale Mischungen als Näherungslösung verwendet werden.

$$y_z = \frac{1}{\sum_{i=1}^{n} \frac{y_i}{y_{zi}}}$$ Formel 2.37

Die Aufgabe 18 fordert eine Neuberechnung von Explosionsgrenzen nach der Zumischung von Wasserstoff zu einer Propan-Grundgasmenge.

Aufgabe 18

Für eine Mischung aus Wasserstoff (1) und Propan (2) mit einem molaren Anteil des Wasserstoffs von $y_1 = 0{,}25$ sind unter der Annahme eines idealen Gasverhaltens

1. die untere (UEG) Explosionsgrenze,
2. die obere (OEG) Explosionsgrenze

näherungsweise zu bestimmen. Die Explosionsgrenzen von Wasserstoff und Propan sind in Tabelle 2.14 dargestellt.

Tabelle 2.14 Explosionsgrenzen von Wasserstoff und Propan

	Bezeichnung	Einheit	Wasserstoff	Propan
Untere Explosionsgrenze UEG	y_{zu}	mol-%	4	1,7
Obere Explosionsgrenze OEG	y_{zo}	mol-%	77	10,8

Die Ergebnisse sind auf vier Dezimalstellen anzugeben.

Die Lösung ist im Abschnitt 11.1 zu finden.

Die Hinzunahme eines Inertgases wie Stickstoff führt zu einem veränderten Explosionsbereich. Diese Thematik wird in Aufgabenstellung 19 behandelt.

Zwei Definitionen sind zu beachten.

1. Die Luftgrenzkonzentration (LGK) ist der höchste Stoffmengenanteil der Luft in einem Gemisch aus Brenngas, Luft und Inertgas, bei dem es gerade noch nicht zur Explosion kommt.
2. Die Sauerstoffgrenzkonzentration (SGK) ist der höchste Stoffmengenanteil des Sauerstoffs in einem Gemisch aus Brenngas, Luft und Inertgas, bei dem es gerade noch nicht zur Explosion kommt.

Es gilt folgende Beziehung:

$$y_{SGK} = 0{,}209 y_{LGK} \qquad \text{Formel 2.38}$$

Aufgabe 19

Für das ternäre Gemisch Wasserstoff-Luft-Stickstoff sollen die molaren Anteile der Einzelkomponenten an der Mischung beim Erreichen des LGK-Wertes ermittelt werden. Nutzen Sie hierfür das Diagramm in Bild 2.21.

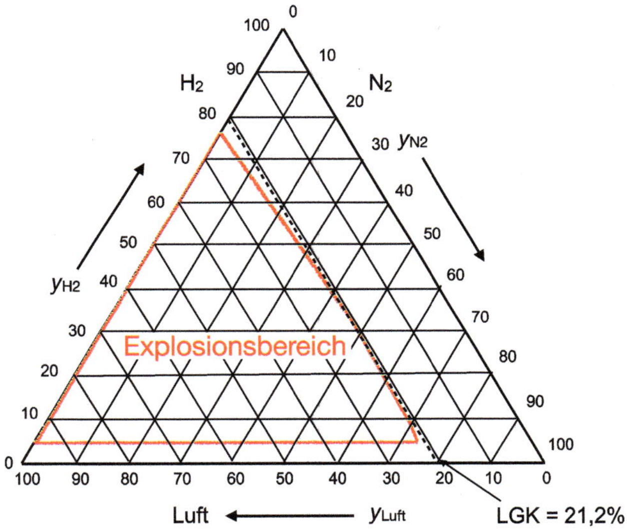

Bild 2.21 Mischungsgrenzen des ternären Systems Wasserstoff-Luft-Stickstoff

Die Ergebnisse sind auf drei Dezimalstellen zu runden.

Die Lösung ist im Abschnitt 11.1 zu finden.

Hinweis

Weitere Auskünfte über den thematischen Zusammenhang finden Sie im Buch *Wasserstofftechnik* in den Abschnitten unter 2.6 (Die Sicherheit im Umgang mit Wasserstoff).

2.5 Thermodynamik der Wasserelektrolyse

Die Betrachtung chemischer Reaktionen wie bei der Wasserelektrolyse nach Formel 2.39

$$H_2O \rightarrow H_2 + \frac{1}{2}O_2 \qquad \text{Formel 2.39}$$

erfordert Kenntnisse zu den Fundamentalgrößen Reaktionsenthalpie $\Delta_R h^\ominus$, freie Enthalpie $\Delta_R g^\ominus$ und Reaktionsentropie $\Delta_R s^\ominus$ für den Standardzustand ($p = 1\,\text{bar}; \vartheta = 25\,°\text{C}$) und deren Abhängigkeit von Druck und Temperatur. So sind diese Zusammenhänge beispielsweise interessant für die Entwicklung der Hochtemperaturelektrolyse SOEC (Bild 2.22) oder im Zusammenhang mit der Erhöhung des Drucks innerhalb von Elektrolysezellen bei alkalischen Elektrolyseuren und der PEM-Elektrolyse.

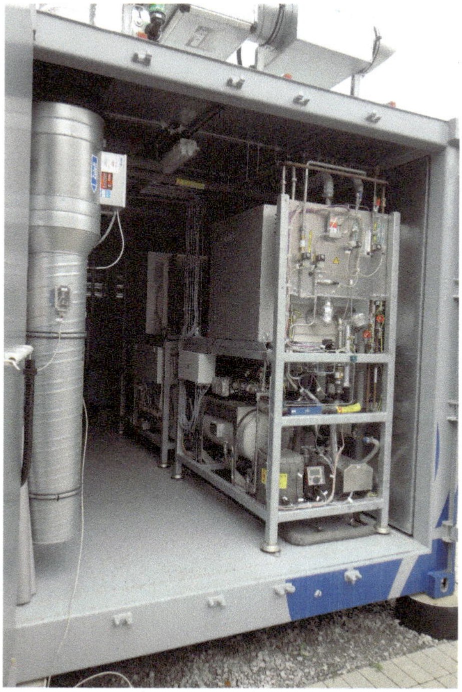

Bild 2.22
SOEC-Anlage mit Dampferzeuger (linke Containerseite) © ZBT Duisburg

Die Standardgrößen einer Reaktion wie die Standardreaktionsenthalpie $\Delta_R h^\ominus$ oder die Standardreaktionsentropie $\Delta_R s^\ominus$ können nach dem Satz von Hess in Formel 2.40 bestimmt werden. Dabei wird vorausgesetzt, dass nach Bild 2.23 die Edukte vollständig zu Produkten umgesetzt werden.

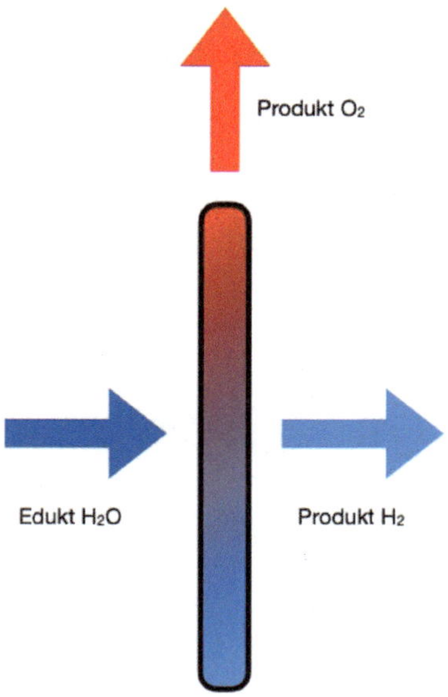

Bild 2.23
Das Edukt Wasser wird in der elektrolytischen Zelle zu den Produkten Wasserstoff und Sauerstoff umgesetzt

$$\Delta_R h^\Theta = \sum \nu \Delta_B h^\Theta (\text{Produkte}) - \sum \nu \Delta_B h^\Theta (\text{Edukte}) \qquad \text{Formel 2.40}$$

Der Temperatureinfluss auf die Reaktionsenthalpie $\Delta_R h$, auf die freie Reaktionsenthalpie $\Delta_R h$ und auf die Reaktionsentropie $\Delta_R h$ kann nach den in Tabelle 2.15 aufgeführten Gleichungen ermittelt werden:

Tabelle 2.15 Formeln zur Berücksichtigung der Reaktionstemperatur

Größen	Formeln
Reaktionsenthalpie $\Delta_R h$	$\Delta_R h = \Delta_R h^\Theta + \sum \nu c_{p,m}\Big\vert_{T^\Theta}^{T} (T - T^\Theta)$
Reaktionsentropie $\Delta_R s$	$\Delta_R s = \Delta_R s^\Theta + \sum \nu c_{p,m}\Big\vert_{T^\Theta}^{T} \ln \frac{T}{T^\Theta} - \sum \nu R_m \ln \frac{p_i}{p^\Theta}$
Freie Reaktionsenthalpie $\Delta_R g$	$\Delta_R g = \Delta_R h - T \Delta_R s$
Mittlere Wärmekapazität $c_{p,m}\Big\vert_{T^\Theta}^{T}$	$c_{p,m}\Big\vert_{T^\Theta}^{T} = \frac{c_{p,m_T} \cdot \vartheta - c_{p,m_{T^\Theta}} \cdot 25°C}{\vartheta - 25°C}$
Partialdruck p_i	$p_i = y_i p$
Systemdruck p	$p = \sum p_i$

Hinweis

Weitere Auskünfte über den thematischen Zusammenhang finden Sie im Buch *Wasserstofftechnik* im Abschnitt 2.7.1 (Standardzustände chemischer Reaktionen).

In der Aufgabe 20 sollen für die Elektrolysereaktion mit Wasser die vorgenannten Reaktionsgrößen vom Standardzustand auf einen anderen Temperaturzustand umgerechnet werden. Man benötigt dafür die in Tabelle 2.16 vorgegebenen thermodynamischen Daten.

Tabelle 2.16 Thermodynamische Daten chemischer Stoffe und Verbindungen

Stoff	M	$\Delta_B h^\theta$	$\Delta_B g^\theta$	s_m^θ	$c_{p,m}^\theta$
	kg / mol	kJ / mol	kJ / mol	J / (mol K)	J / (mol K)
H_2 (g)	2,0158	0	0	130,684	28,824
O_2 (g)	31,999	0	0	205,138	29,355
H_2O (g)	18,015	-241,82	-228,57	188,83	33,576
H_2O (l)	18,015	-285,83	-237,13	69,91	75,291
CH_4 (g)	16,043	-74,81	-50,72	186,26	35,31
CO_2 (g)	44,01	-393,51	-394,36	213,74	37,11

Anmerkungen: 1) für den Standardzustand; 2) nach P. Atkins et al. (2008, S. 1079 - 1087)

Aufgabe 20

Die Reaktionsenthalpie $\Delta_R h$ und die freie Reaktionsenthalpie $\Delta_R g$ der elektrolytischen Reaktion $H_2 + \frac{1}{2}O_2 \rightarrow H_2O(l)$ sollen für eine Systemtemperatur $\vartheta = 65°C$ und für einen Druck von $p = 1\,\text{bar}$ bestimmt werden.

Die spezifischen Wärmekapazitäten der verwendeten Stoffe sind:

Temperatur	Wasserstoff	Sauerstoff	Wasser (l)
ϑ / °C	c_p / kJ / (kg K)	c_p / kJ / (kg K)	c_p / kJ / (kg K)
25	14,304	0,910	4,182
65	14,408	0,926	4.185

Die Ergebnisse sind auf zwei Dezimalstellen zu runden.

Die Lösung ist im Abschnitt 11.1 zu finden.

Das Ergebnis der Aufgabe 20 wird in Aufgabe 32 im Abschnitt 5.2.1 weiterverwendet.

2.6 Verbrennung mit Wasserstoff

Im Bild 2.20 (Phase 2) im Abschnitt 2.4 wird deutlich, dass bei der Verbrennung von H_2 und Luft keine Flamme zu erkennen ist. Bei der „unsichtbaren" Verbrennungsreaktion interessiert der Stickstoff und der Wasserdampfanteil im Abgas eines BHKW (Bild 2.24).

Wasserstoff kann auch als Zusatzgas einem Kohlenwasserstoffgemisch zugeführt und dann gemeinsam mit dem Luftsauerstoff verbrannt werden. Auch in diesem Fall soll die Abgaszusammensetzung und die Abgasmenge nach Tabelle 2.17 berechnet werden.

Tabelle 2.17 Abgaszusammensetzung und Abgasmenge bei der Verbrennung einer Mischung aus Wasserstoff und Kohlenwasserstoffen

Bezeichnung	Einheit	Formeln
Kohlendioxidanteil $y^A_{CO_2}$	$\frac{\text{mol } CO_2}{\text{mol B}}$	$y^A_{CO_2} = \left(y_{CO^B} + y_{CH_4^B} + \sum n y_{C_nH_m^B} + y_{CO_2^B}\right)$
Wasseranteil $y^A_{H_2O}$	$\frac{\text{mol } H_2O}{\text{mol B}}$	$y^A_{H_2O} = \left(y_{H_2^B} + 2y_{CH_4^B} + \sum \frac{m}{2} y_{C_nH_m^B} + \varphi\lambda l_{min}\right)$
Mindestluftbedarf l_{min}	$\frac{\text{mol Luft}}{\text{mol B}}$	$l_{min} = \frac{1}{y_{O_2}}\left[\frac{1}{2}\left(y_{CO^B} + y_{H_2^B}\right) + 2y_{CH_4^B} + \sum\left(n + \frac{m}{4}\right) y_{C_nH_m^B} - y_{O_2^B}\right]$
Sauerstoffanteil in der Luft y_{O_2}		$y_{O_2} = \frac{n_{O_2}}{n_L} = 0{,}20947$
Feuchte φ		$\varphi = \frac{\varphi_s p_S}{p - \varphi_s p_S}$
Stickstoffanteil $y^A_{N_2}$	$\frac{\text{mol } N_2}{\text{mol B}}$	$y^A_{N_2} = \left(y_{N_2^B} + 0{,}79053\lambda l_{min}\right)$
Sauerstoffanteil $y^A_{O_2}$	$\frac{\text{mol } O_2}{\text{mol B}}$	$y^A_{O_2} = 0{,}20947(\lambda - 1) l_{min}$
Anteil des trockenen Abgases y^A_{tr}	$\frac{\text{mol tA}}{\text{mol B}}$	$y^A_{tr} = y^A_{N_2} + y^A_{O_2} + y^A_{CO_2}$
Anteil des feuchten Abgases y^A_f	$\frac{\text{mol fA}}{\text{mol B}}$	$y^A_f = y^A_{N_2} + y^A_{O_2} + y^A_{H_2O} + y^A_{CO_2} = y^A_{tr} + y^A_{H_2O}$

Anmerkungen: Index A bedeutet Abgas oder im Abgas; Index B bedeutet Brennstoff oder im Brennstoff, Formeln nach G. Cerbe et al. (2017)

Bild 2.24
Blick in den Container eines für den Wasserstoffbetrieb erweiterten Gasmotors vom Typ agenitor 406 SG der 2G Energy AG bei den Stadtwerken Haßfurt GmbH © 2G Energy AG

Hinweis

Weitere Auskünfte über den thematischen Zusammenhang finden Sie im Buch *Wasserstofftechnik* im Abschnitt 2.7.2 (Die Verbrennung von Wasserstoff).

Exemplarisch soll in der Aufgabe 21 ein Wasserstoff-Kohlenwasserstoff-Luft-Gemisch verbrannt und die in Tabelle 2.17 aufgeführten Gleichungen angewendet werden.

Aufgabe 21

Die bei der Verbrennung einer Mischung aus trockenem Wasserstoff und Kohlenwasserstoffen zu erwartende

1. Abgaszusammensetzung nach Tabelle 2.17 und
2. Menge des trockenen Abgases v_{tr}^{A} in $\frac{m^3\ tA}{m^3\ B}$,
3. Menge des feuchten Abgases v_{f}^{A} in $\frac{m^3\ fA}{m^3\ B}$

sollen bestimmt werden.

Folgende Werte sind bekannt: $\lambda = 1{,}2$ bei einer relativen Feuchte der Luft von $\varphi_S = 0{,}8$; Lufttemperatur $\vartheta_L = 15\,°C$; Luftdruck $p = 1080\,hPa$; Sättigungsdruck des Wasserdampfes $p_s = 0{,}017057\,bar$.

Die Gaszusammensetzung ist: $y_{H_2^B} = 0{,}20; y_{CH_4^B} = 0{,}72; y_{C_2H_6^B} = 0{,}04; y_{C_3H_8^B} = 0{,}02; y_{N_2^B} = 0{,}01; y_{CO_2^B} = 0{,}01$.

Die Ergebnisse sind auf drei Dezimalstellen zu runden.

Die Lösung ist im Abschnitt 11.1 zu finden.

3 Wirtschaftlichkeit von Wasserstoffprojekten

Der Nachteil der statischen Wirtschaftlichkeitsrechnung, die Vernachlässigung der zeitlichen Verteilung der Ausgaben (Investitionen, Kosten) und Einnahmen (Erlöse) wird durch die Methode der dynamischen Wirtschaftlichkeitsrechnung vermieden. Im Mittelpunkt der nachfolgenden Betrachtungen steht der Kapitalwert oder Nettobarwert einer Investition.

Der Nettobarwert einer Investition ist der reale Wert dieser Investition zum heutigen Betrachtungszeitpunkt. Oder anders ausgedrückt, der Nettobarwert gibt an, welchen Kapitalwert die Investition zum heutigen Zeitpunkt hat.

Der Nettobarwert C_0 ergibt sich durch die Abzinsung (Diskontierung) aller jährlichen Einnahmeüberschüsse und Einnahmeunterdeckungen (Netto-Cash-Flow) auf den heutigen Betrachtungszeitpunkt. Der Abzinsungsfaktor oder Diskontierungsfaktor ist ein festzulegender Kalkulationszinsfuß, den der Kapitalgeber erwartet.

Da bei der Nettobarwertmethode der in den einzelnen Perioden anfallende Netto-Cash-Flow (NCF) abgezinst (diskontiert) wird, wird das hier angesprochene Verfahren auch „diskontiertes Cash-Flow Verfahren (dcf)“ genannt.

Bei der Ermittlung des Netto-Cash-Flows wird folgendermaßen verfahren:

1. Investitionen sind Auszahlungen;
2. mit Inbetriebnahme des Investitionsgutes wird dieses aktiviert. Das Investitionsgut wird damit ins Anlagevermögen übernommen;
3. ab dem Zeitpunkt der Aktivierung beginnt die Abschreibung des Investitionsobjektes;
4. es werden für den gesamten Betrachtungszeitraum
   a) Investitionen,
   b) Kosten,
   c) Erlöse,
   d) Abschreibungen und
   e) Steuern

aufgetragen.

Die verwendeten Formeln sind Tabelle 3.1 zu entnehmen.

Tabelle 3.1 Die wesentlichen Berechnungsschritte der Cash-Flow-Rechnung

Bezeichnung	Einheit	Formeln
Gewinn vor Steuern zum Zeitpunkt *t*	€	$G_{\mathrm{vSt}_t} = E_t - K_t - Afa - K_{\mathrm{F}t}$
Gewinn nach Steuern zum Zeitpunkt *t*	€	$G_{\mathrm{nSt}t} = G_{\mathrm{vSt}_t} - St$
Netto-Cash-Flow der Periode *t*	€	$NCF = G_{\mathrm{nSt}t} + Afa$
Netto-Barwert	€	$C_0 = -I + \sum_t \frac{NCF}{(1+i)^t}$
Wirtschaftlichkeitskriterium	€	$C_0 > 0$

Hinweis

Weitere Auskünfte über den thematischen Zusammenhang finden Sie im Buch *Wasserstofftechnik* in den Abschnitten des Kapitels 3 (Die Wirtschaftlichkeit von Wasserstoffprojekten).

M. Göpel (2020) hat unsere Art des Wirtschaftens, die für die ökologische Krise verantwortlich ist, so beschrieben: *Vorne wird abgebaut, dann verbraucht und hinten entsteht Müll, der für niemanden Nahrung ist. Müll, der verbrannt, verbuddelt oder aufgetürmt wird oder eben im Meer und in den Flüssen schwimmt.*

Es liegt nahe, diese zutreffende Beschreibung auf unser Energiesystem zu übertragen. Kohle, Öl, Gas und Uran werden gefördert, in Strom und Wärme gewandelt und die dabei entstehenden Abfallprodukte als Müll in die Atmosphäre abgegeben oder in tiefen Horizonten vergraben. Dieser Umstand spielt allerdings in den klassischen Wirtschaftlichkeitsberechnungen keine Rolle. Die entstehenden Folgen und ihre Kosten wie die Veränderung des globalen Klimas und der Verlust an Biodiversität werden der Allgemeinheit aufgebürdet und nicht den einzelnen Projekten zugerechnet.

Kann der Wasserstoff Abhilfe schaffen? Nur, wenn er mit regenerativem Strom oder aus Biomasse erzeugt wird. So wird das Energiepotenzial der Natur mit der Hilfe von Photovoltaik und Windkraftturbinen in Strom gewandelt, der seinerseits in Elektrolyseuren aus Wasser Wasserstoff und Sauerstoff schafft. Der ökologisch unbedenkliche Sauerstoff wird in der Regel der Atmosphäre zugeführt. Der Wasserstoff kann fossile Energieträger mit ihrem Abfallprodukt Treibhausgas ersetzen. Wird er in Brennstoffzellen mit dem Luftsauerstoff galvanisch in Strom umgewandelt, entsteht auch Wasser, dass beispielsweise wieder der Elektrolyse zugeführt werden kann. Bilanziell stammt der hierbei verwendete Sauerstoff aus der Elektrolyse. So entsteht ein Kreislauf, der in dem wirtschaftlichen Wettbewerb zwischen Wasserstoff und fossilen Energieträgern berücksichtigt werden muss.

Werden Energieträger wie Erdgas oder Heizöl durch grünen Wasserstoff ersetzt, müssen nach dieser Sichtweise die vermiedenen Treibhausgasemissionen dem Wasserstoff gutgeschrieben und den fossilen Energieträgern angelastet werden. Eine Möglichkeit ist die Anrechnung von Steuern oder der Erwerb von Zertifikaten als Kosten zulasten der fossilen Energieträger und zugunsten des Wasserstoffs als Erlöse.

In Aufgabe 22 soll für ein H_2-Projekt das dcf-Verfahren auch unter Berücksichtigung vermiedener Treibhausgasemissionen angewendet werden.

Aufgabe 22

Über die Kapitalwertmethode und den Nettobarwert soll der Grenzerlös für Wasserstoff aus einer alkalischen Wasserstoffelektrolyseanlage überprüft werden. Die Abschreibungszeit ist 15 Jahre. Das Projekt wird mit 100 % Eigenkapital finanziert. Die Investitionen werden über drei Jahre mit 20 % im 1. Jahr, 30 % im 2. Jahr und 50 % im 3. Jahr verteilt. Vermiedene Treibhausgasemissionen werden durch die Anrechnung von Zertifikatserlöse berücksichtigt.

Bezeichnung	Symbol	Einheit	Größe
elektrische Nennleistung Stack	P_{el}	MW	1
Degradation der Elektrolyse 1)	δ	%/a	1
Wasserstoffvolumenstrom	$\dot{V}_n$	m_3/h	209
Brennwert	$H_{s,n}$	kWh/m³	3,54
jährliche Betriebsstunden	b_{ha}	h/a	3000
spezifische Investitionen (Capex)	I_0	€/kW	620
spez. Strompreis	P_e	€/kWh	0,105
sonstige spez. Betriebskosten (Opex) 2)	P_0	%/I/a	4,5
pauschaler Steuersatz	St	% / G_{vSt}	30
jährliche Preissteigerung	e	%/a	2
Kapitalzinsfuß	i	%/a	2
spez. vermeidbare CO_2-Mengen durch Wasserstoff 3)	m_{CO2}	g/kWh	183
spez. Zertifikatspreis für CO_2 4)	E_{Z0}	€/kg	0,08
spez. Grenzerlöse für den Wasserstoff	E_{H_2}	€/kg	gesucht

Anmerkungen: 1) Degradation bedeutet in der Praxis eine Wirkungsgradeinbuße der Elektrolyseanlage. Weitere Auskünfte über den thematischen Zusammenhang finden Sie im *Buch Wasserstofftechnik* im Abschnitt 5.2.6 (Die Hochtemperaturelektrolyse SOEC); 2) umfasst Wartung, Instandhaltung und Personalkosten und ist pro Jahr mit dem Prozentsatz auf die Investitionskosten bezogen; 3) Weitere Auskünfte über den thematischen Zusammenhang finden Sie im *Buch Wasserstofftechnik*, im Abschnitt 4.5 (Potenzial des Wasserstoffs zur Reduzierung der Treibhausgase); 4) entspricht einem CO_2-Zertifikatspreis von 80 €/t

Die Ergebnisse sind auf die nächste Ganzzahl in T€ (in Worten Tausend €) zu runden.

Die Lösung ist im Abschnitt 11.2 zu finden.

4 Aufgaben und Potenziale des Wasserstoffs

Der Koalitionsvertrag der im Dezember 2021 gebildeten Bundesregierung enthält an verschiedenen Stellen Aussagen zur zukünftigen deutschen Wasserstoffstrategie, die Hoffnung auf ein rasches Hochlaufen der Wasserstoffwirtschaft machen. So finden sich dort unter anderem folgende Passagen *„Wir setzen uns für die Gründung einer Europäischen Union für grünen Wasserstoff ein. Dazu wollen wir Investitionen in den Aufbau einer Wasserstoffnetzinfrastruktur finanziell fördern. So wollen wir bis 2030 Leitmarkt für 26 Wasserstofftechnologien werden und dafür ein ambitioniertes Update der nationalen Wasserstoffstrategie erarbeiten"* und *„Strom- und Wasserstoffnetze sind das Rückgrat des Energiesystems der Zukunft"* und *„wir wollen eine Elektrolysekapazität von rund 10 Gigawatt im Jahr 2030 erreichen"*.

Es gibt grundsätzliche Fragen zur zukünftigen Aufgabe und Bedeutung des Wasserstoffs in unserer Industriegesellschaft. Wie soll beispielsweise in Zukunft Energie in großen Mengen gespeichert werden? Macht es Sinn, Wasserstoff über einen längeren Zeitraum dem bestehenden Erdgassystem beizumischen, um damit rasch einen Einstieg in die Wasserstoffwirtschaft zu ermöglichen? Mit beiden Fragen beschäftigen sich die nächsten Aufgaben 23 und 24.

4.1 Wasserstoff in der Sektorenkopplung

Wasserstoff kann eine entscheidende Rolle in der zukünftigen Wärmeversorgung in den Städten und Gemeinden übernehmen. Bild 4.1 zeigt die Verbindung von Wärmekunden mit unterschiedlicher Primärenergieträgern.

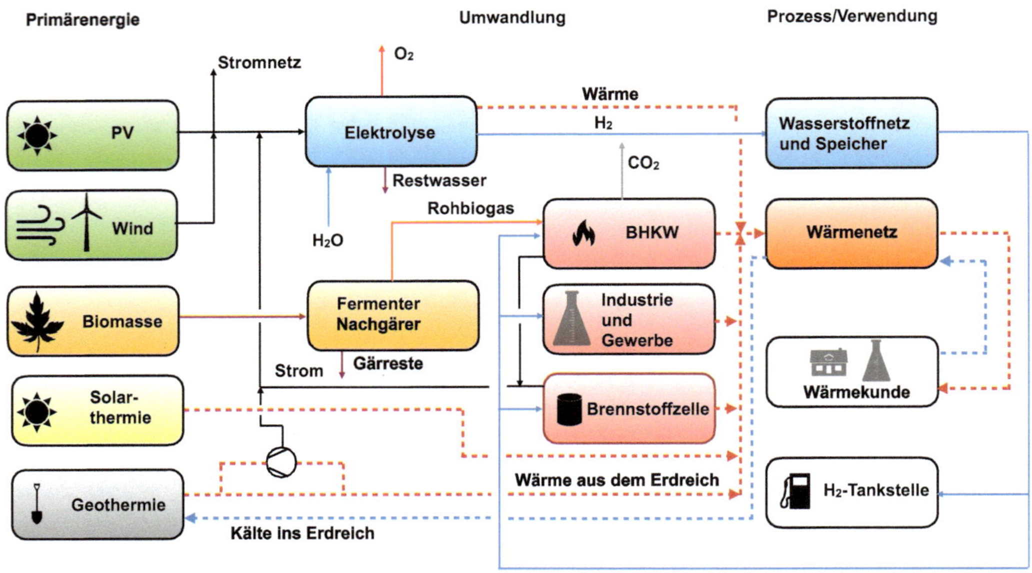

Bild 4.1 Erzeugung und Bereitstellung von Wärme über ein Wärmenetz mit dem Wasserstoff für Spitzenlast und für die Speicheraufgabe

In diesem Zusammenhang wird Biogas zur Bereitstellung von Grundlast mithilfe wärmegeführter BHKWs benötigt. Flächensolarthermieanlagen sind naturgemäß der temperaturabhängigen Heizlast zugeordnet und Tiefengeothermie liefert ebenfalls Grundlast. Für die extremen Witterungslagen kommt ohne Wärmespeicherung keine der drei alternativen Technologien in Frage. Diese Aufgabe kann Wasserstoff übernehmen. Die erforderlichen Wasserstoffmengen werden lokal in einem Hochdrucknetz gespeichert oder bei Anbindung an ein Transportsystem in einer untertägigen Kavernenspeicheranlage gelagert. Das Wasserstoffnetz versorgt für die Spitzenlastbereitstellung Wärmeerzeuger wie Brennstoffzellen und BHKWs mit H_2.

Hinweis

Weitere Auskünfte über den thematischen Zusammenhang finden Sie im Buch *Wasserstofftechnik* im Abschnitt 4.3 (Entwicklungsszenarien des Wasserstoffeinsatzes in Deutschland) und im Kapitel 9 (Speicher für den Wasserstoff).

Wenn die Einsatzfelder von Wasserstoff betrachtet werden, so geht es meist um den Transport und die Verteilung des Gases H_2 in ehemaligen Erdgasleitungen, und es handelt sich um den Ersatz des fossilen Energieträgers Erdgas. Zur weiteren Verwendung in den nachfolgenden Aufgaben sind in Tabelle 4.1 der Brennwert und der Heizwert von Wasserstoff, Methan und Erdgas einander gegenübergestellt.

Tabelle 4.1 Spezifische Kenngrößen unterschiedlicher Brenngase

Größe	Einheit	Wasserstoff	Methan	Erdgas H
Anmerkungen			1)	1) 2)
Heizwert $H_{i,m}$	$\frac{kWh}{m^3}$	2,995	9,971	10,337
Heizwert $H_{i,n}$	$\frac{MJ}{m^3}$	10,782	35,894	37,213
Brennwert $H_{s,n}$	$\frac{kWh}{m^3}$	3,54	11,064	11,449
Brennwert $H_{s,n}$	$\frac{MJ}{m^3}$	12,745	39,831	41,215

Anmerkungen: 1) nach Cerbe et al (2017); 2) Durchschnittswerte von Gasen aus der russischen Föderation und der Nordsee

Die Abschätzung des erforderlichen Speicherbedarfs ist Gegenstand der Aufgabe 23.

Aufgabe 23

Bild 4.2 zeigt für ein lokales Wärmeversorgungskonzept in einer geordneten Dauerlinie den Bedarf an Wärme und im blauen Feld den Speicheranteil, den der Wasserstoff in diesem Zusammenhang übernehmen soll.

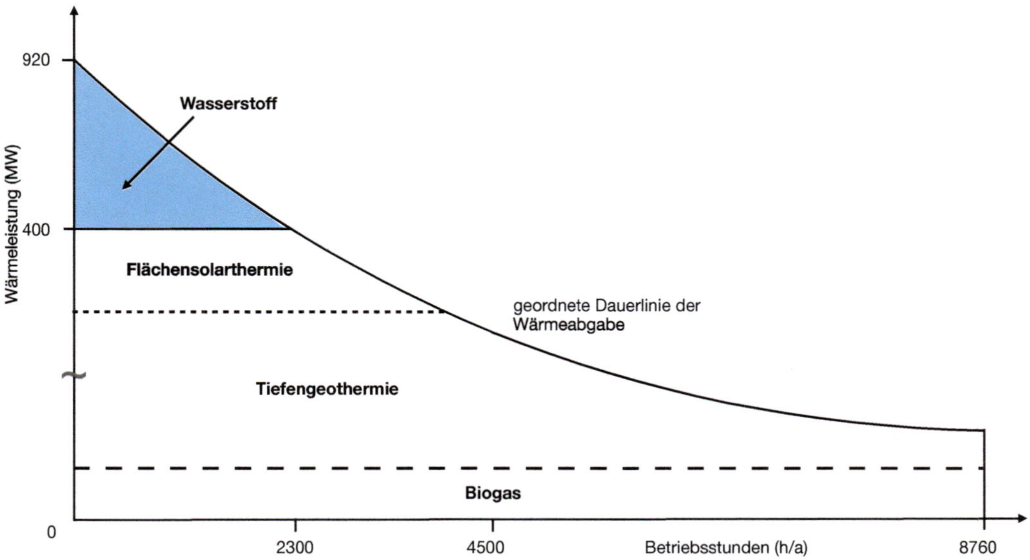

Bild 4.2 Dauerlinie der Wärmeabgabe für ein lokales Wärmeversorgungskonzept

Welches Arbeitsgasvolumen im Normzustand $V_{n,AGV}$ in m^3 muss auf der Wasserstoffseite für diesen Zweck vorgehalten werden?

Das Ergebnis ist ganzzahlig anzugeben.

Die Lösung ist im Abschnitt 11.3 zu finden.

4.2 Wasserstoff als Zusatz in Gasnetzen

Wasserstoff kann als Zusatzgas dem im Leitungsnetz vorhandenen Erdgas (Grundgas) zugemischt werden. Diese Zumischung von Wasserstoff in Erdgasnetze wird bereits im Abschnitt 2.1.6 (Anteile und Konzentrationen in Wasserstoffmischungen) angesprochen. Die in diesem Betriebsfall zu erzielende Reduzierung von Treibhausgasemissionen (THG) soll an dieser Stelle berechnet werden.

Hinweis

Weitere Auskünfte über den thematischen Zusammenhang finden Sie im Buch *Wasserstofftechnik* im Abschnitt 4.5 (Potenzial des Wasserstoffs zur Reduzierung der Treibhausgase).

Mit Formel 4.1 wird bei volatiler Einspeisung von Wasserstoff in ein Gasnetz die jeweilige Masse an CO_2-Einsparungen in g/kWh bestimmt.

$$m_{CO_2} = \frac{y_{H_2} H_{s,n_{H_2}} \cdot 183 \frac{g}{kWh}}{y_{H_2} H_{s,n_{H_2}} + (1 - y_{H_2}) H_{s,n_{Erdgas\,H}}} \qquad \text{Formel 4.1}$$

In Aufgabe 24 wird der Betriebsfall einer moderaten Zumischung von Wasserstoff in ein Gasnetz behandelt.

Aufgabe 24

Für die Einspeisung von Wasserstoff in ein Gasnetz (Erdgas H) mit einem molaren Anteil von 15 mol-% soll

1. die Minderung an CO_2-Treibhausgasemissionen und
2. der aus der Zumischung resultierende energetische Anteil des Wasserstoffs am Energieinhalt des Mischgases

bestimmt werden.

Die Ergebnisse sind jeweils auf drei Dezimalstellen zu runden.

Die Lösung ist im Abschnitt 11.3 zu finden.

5 Wasserstofferzeugung

In der öffentlichen Diskussion über die zukünftige Wasserstofferzeugung wird ein Farbenkatalog bemüht, um auf einfache Art und Weise die verschiedenen Erzeugungsmethoden gegeneinander abzugrenzen. So steht der *graue* Wasserstoff für das Reforming-Verfahren und der *blaue* Wasserstoff für eine Kombination aus Erzeugung mit Reforming und der Speicherung der freigesetzten Kohlendioxidmengen untertage. Der *grüne* Wasserstoff steht gemeinhin für das elektrolytische Verfahren unter Einbeziehung von regenerativ erzeugtem Strom. Die Methoden aus Biomasse Wasserstoff zu generieren, werden ebenfalls dem *grünen* Wasserstoff zugerechnet. Darüber hinaus gibt es weitere farbliche Vereinfachungen.

Zusammengefasst umfasst die Produktion nennenswerter Wasserstoffmengen verschiedene Methoden auf Basis fossiler Grundstoffe und hauptsächlich dem Verfahren der Wasserelektrolyse.

Hinweis

Weitere Auskünfte über den thematischen Zusammenhang finden Sie im Buch *Wasserstofftechnik* im Abschnitt 5 (Die Erzeugung von Wasserstoff).

Um die Effektivität der jeweils betrachteten Wasserstofferzeugungsmethode zu beurteilen, muss der erforderliche energetische Aufwand zum Betrieb der Anlage und die Verluste, die in der Größe Wirkungsgrad zusammengefasst sind, bestimmt werden. Nachfolgende Aufgabe 25 beschäftigt sich mit dieser Fragestellung.

Aufgabe 25

Die Mindestkapazität für eine großtechnische Wasserstofferzeugungsanlage wird allgemein mit einem jährlich erzeugten Wasserstoffmassenstrom von $\dot{m} = 10\,\mathrm{kt/a}$ verbunden. In einem Betriebsfall sollen die jährlichen Betriebsstunden $b_{ha} = 7000\ \mathrm{h/a}$ betragen.

Wie groß muss hier die Erzeugungsleistung P in MW sein, wenn ein Umsetzungsgrad vom Edukt zum Produkt Wasserstoff von 0,7 angenommen wird?

Das Ergebnis ist auf eine Dezimalstelle zu runden.

Die Lösung ist im Abschnitt 11.4 zu finden.

5.1 Wasserstoff aus fossilen Quellen

Die Aufgaben 26 bis 28 behandeln die Verfahren der Dampfreformierung und der thermischen Pyrolyse.

5.1.1 Dampfreformierung

Das wesentliche Verfahren, Wasserstoff mit der Hilfe von fossilen Grundstoffen und Wasserdampf zu erzeugen, ist die Dampfreformierung. Dieses auch Steam Reforming (SR) genannte Verfahren wird vereinfacht in Bild 5.1 dargestellt. Der gewonnene Wasserstoff wird gemeinhin als *grauer* Wasserstoff bezeichnet.

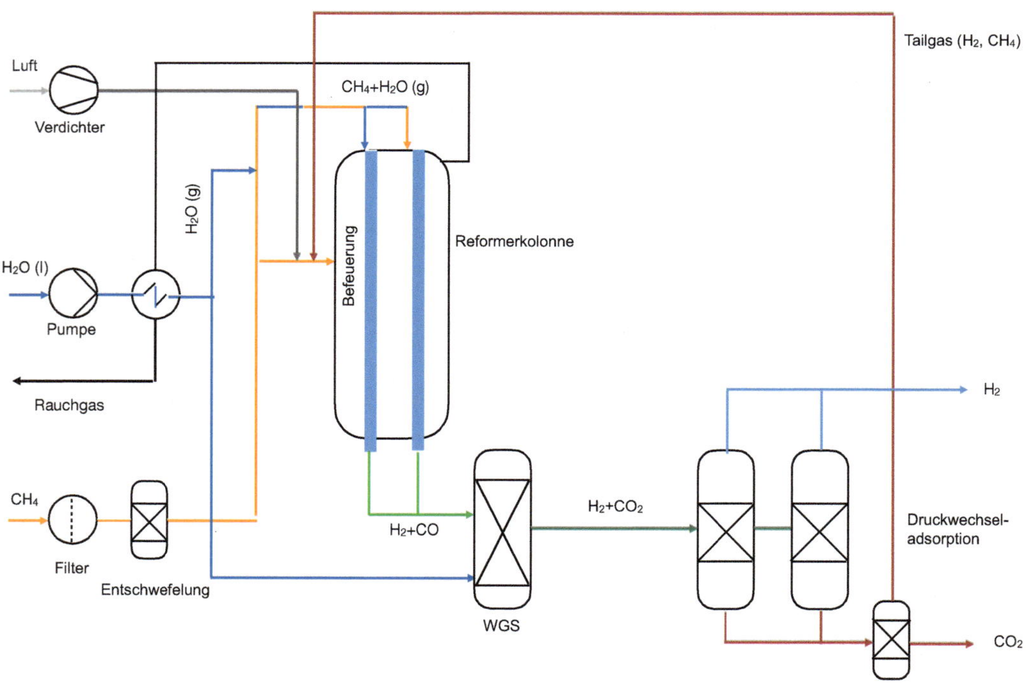

Bild 5.1 Das Grundprinzip der Dampfreformierung zur Erzeugung von Wasserstoff

Einen Blick auf die komplexe Anlage mit der Reformerkolonne im Hintergrund gestattet Bild 5.2. In einer Reformerkolonne reagieren Kohlenwasserstoffe, beispielsweise Erdgas, und Wasserdampf zu Wasserstoff und Kohlendioxid. Das Kohlenmonoxid reagiert in einer nachgeschalteten Shift-Reaktion (WGS) mit Wasserdampf zu Kohlendioxid und Wasserstoff. Erdgas wird nicht nur als Edukt der Synthesereaktion, sondern auch zum Beheizen der Reaktorrohre in der Reformerkolonne und weiterer Teilanlagen benötigt. Die Aufspaltung des Endproduktes Wasserstoff/Kohlendioxid erfolgt beispielsweise in einer nachgeschalteten Druckwechseladsorptionsanlage.

Die Nettoreaktionsgleichung des SR-Verfahrens lautet:

$$C_nH_mO_k + (n-k)\cdot H_2O \rightarrow n\cdot CO + \left(n + \frac{m}{2} - k\right)\cdot H_2 \qquad \text{Formel 5.1}$$

Die Nettoreaktionsgleichung des Shift-Verfahrens (WGS) ist:

$$n\cdot CO + n\cdot H_2O \rightarrow n\cdot CO_2 + n\cdot H_2 \qquad \text{Formel 5.2}$$

Bild 5.2
Blick auf eine SR-Anlage mit der Reformerkolonne im Hintergrund © H&R Chempharm GmbH

Hinweis

Weitere Auskünfte über den thematischen Zusammenhang finden Sie im Buch *Wasserstofftechnik* im Abschnitt 5.1 (Die Dampfreformierung).

Mit dem in der Dampfreformierung eingesetzten Edukt Erdgas und mit dem Erdgasverbrauch sowie mit dem Prozesswirkungsgrad beschäftigen sich die Aufgaben 26 und 27.

Aufgabe 26

Eine Erdgasmischung aus Methan (85 mol-%), Ethan (9 mol-%) und Propan (5 mol-%) sowie Stickstoff (1 mol-%) wird mit Wasserdampf in der Reformerkolonne der Dampfreformierung einschließlich der Shiftreaktion zu Wasserstoff und Kohlendioxid umgesetzt. Es soll die Masse an CO_2-Emissionen bezogen auf die produzierte Masse Wasserstoff abgeschätzt werden, wenn für den Betrieb der SR-Anlage einschließlich dem Beheizen aller Aggregate $0{,}39\frac{\mathrm{m^3\ Gas}}{\mathrm{m^3\ H_2}}$ eingesetzt wird. Die Masse an CO_2, die bei der Verbrennung von Erdgas mit Luft zum Beheizen der Reformerrohre freigesetzt wird, ist 183 g CO_2/kWh.

Im Einzelnen sind folgende Größen zu bestimmen:

1. Das Verhältnis der Masse Erdgas (Edukt) zur Masse Wasserstoff (Produkt),
2. die in der chemischen Gesamtreaktion freigesetzte Masse Kohlendioxid in kg zur Masse Wasserstoff in kg,
3. die bei der Beheizung der Reformerkolonne freigesetzte Masse Kohlendioxid in kg zur produzierten Masse Wasserstoff in kg und
4. die Summe der anfallenden Massen Kohlendioxid in kg zur produzierten Masse Wasserstoff in kg.

Die Ergebnisse sind auf zwei Dezimalstellen zu runden.

Die Lösung ist im Abschnitt 11.4 zu finden.

Aufgabe 27

Für den SR-Prozess in Aufgabe 26 soll die Obergrenze des Gesamtwirkungsgrades η abgeschätzt werden. Der Betrieb der Nebenaggregate wie Pumpen, Kühler, Steuerung u. a. wird mit einem Zuschlag von 20 % berücksichtigt.

Das Ergebnis ist auf zwei Dezimalstellen zu runden.

Die Lösung ist im Abschnitt 11.4 zu finden.

Die Produktion des *grauen* Wasserstoffs mithilfe des SR-Verfahrens hinterlässt einen nicht unerheblichen CO_2-Fußabdruck. Wird das Treibhausgas sequentiert und an geeigneter Stelle tief in porösen Gesteinsschichten untergebracht (Carbon Dioxide Capture and Storage CCS), so wird der Wasserstoff als *blauer* Wasserstoff bezeichnet. Bild 5.3 vermittelt einen Eindruck von den dabei untertage verwendeten Rohren und von der Bohrlochkopfverrohrung einer CO_2-Versenkbohrung.

Bild 5.3 Auf dem Bohrplatz gestapelte Verrohrung und Bohrlochkopfverrohrung einer CO_2-Versenkbohrung

Aufgabe 28 beschäftigt sich mit der Frage, welche Masse Kohlendioxid heute in Deutschland aus der Dampfreformierung anfällt und gegebenenfalls in Anlagen untertägig verwahrt werden muss, würde man die CCS-Technologie in diesem Land verfolgen.

Aufgabe 28

In Deutschland wurde im Jahr 2018 ein jährliches *graues* Wasserstoffvolumen von 19 Mrd. m^3 bezogen auf den Normzustand erzeugt. Erdgas ist hieran zu 48 % beteiligt. Wenn man unterstellt, dass dies mithilfe des SR-Verfahrens erfolgt, soll die hiermit verbundene jährliche Freisetzung des Treibhausgases Kohlendioxid in Mill. t/a abgeschätzt werden. Entsprechende Vorüberlegungen sind bereits in der Lösung der Aufgabe 26 im Abschnitt 11.4 enthalten.

Das Ergebnis ist auf eine Dezimalstelle zu runden.

Die Lösung ist im Abschnitt 11.4 zu finden.

Hinweis

Weitere Auskünfte über den thematischen Zusammenhang finden Sie im Buch *Wasserstofftechnik* im Abschnitt 5.1.5 (Carbon Dioxid Capture and Storage - die Verwahrung von Kohlendioxid im Untergrund).

5.1.2 Thermische Pyrolyse

Das Grundprinzip der thermischen Pyrolyse ist Bild 5.4 zu entnehmen. Der aus dem Verfahren gewonnene Wasserstoff wird in der Öffentlichkeit als *türkiser* Wasserstoff bezeichnet.

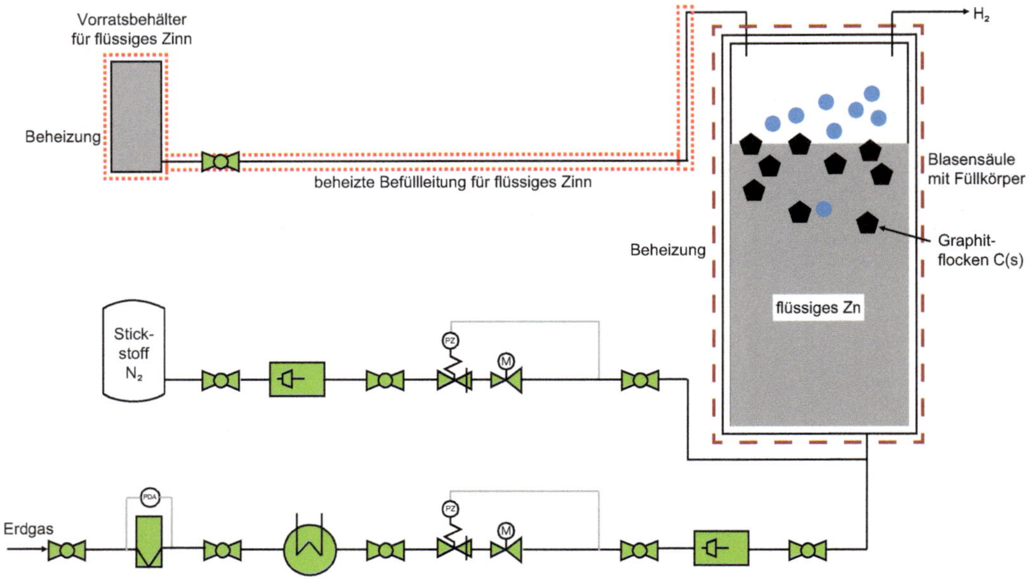

Bild 5.4 Das Grundprinzip der thermischen Pyrolyse

In einer mit flüssigem Zinn gefüllten Blasensäule (Reaktor) werden bei sehr hohen Temperaturen $\vartheta > 1000°C$ die Gasmoleküle in Kohlenstoff und Wasserstoff gespalten. Der Wasserstoff perlt durch das flüssige und thermisch stabile Zinn nach oben und wird am Kopf der Kolonne abgezogen. Der Kohlenstoff schwimmt idealerweise auf der Zinnoberfläche als Graphit auf und kann dort im Batchverfahren dem Reaktor entnommen werden. Um beim Öffnen des Reaktors die Explosionsgefahr auszuschließen, werden vor dem Öffnen Zuführungsleitungen und Blasensäule mit dem Inertgas Stickstoff gespült. Das Verfahren hat heute noch nicht die Umsetzungsreife für großtechnische Anlagen (TRL 9) erreicht.

Die Gesamtreaktion der thermischen Pyrolyse mit Methan ist nach T.B. Geißler (2017):

$$CH_4\left(g\right) \rightarrow C\left(s\right) + 2H_2\left(g\right) \qquad \text{Formel 5.3}$$

Hinweis

Weitere Auskünfte über den thematischen Zusammenhang finden Sie im Buch *Wasserstofftechnik* im Abschnitt 5.1.6 (Die thermische Pyrolyse).

Aufgabe 29

Für die thermische Pyrolyse mit ausschließlich Methan (1) als Edukt soll das Verhältnis der produzierten Massen Kohlenstoff (2) zu Wasserstoff (3) m_2 / m_3 bestimmt werden. Die molare Masse von Kohlenstoff ist $M_2 = 12{,}01\,\mathrm{kg}/\mathrm{kmol}$.

Das Ergebnis ist auf zwei Dezimalstellen zu runden.

Die Lösung ist im Abschnitt 11.4 zu finden.

5.2 Wasserstoff aus regenerativen Quellen

Der Aufbau der Wasserstoffwirtschaft in Deutschland wird einhergehen mit dem Ausbau der regenerativen Stromerzeugungsanlagen als Basis der Elektrolysetechnik und mit der Ausnutzung von Biomasseabfällen für den biologisch erzeugten Wasserstoff. Die Aufgaben 30 bis 38 behandeln Fragestellungen aus dem Bereich der Elektrolyse und den biologischen Erzeugungsmethoden von H_2.

5.2.1 Elektrolytische Wasserstoffproduktion

Im Zusammenhang mit der elektrolytischen Erzeugung von Wasserstoff ist neben dem Bedarf an elektrischer Energie auch der Wasserbedarf von Interesse. Die Reaktionsgleichung ist:

$$H_2O \rightarrow H_2 + \frac{1}{2}O_2 \qquad \text{Formel 5.4}$$

In der Verfahrensdarstellung im Bild 5.5 sind die Wasserströme eingezeichnet. Der Hauptwasserstrom wird einem Wassernetz entnommen und in einem Ionenaustauscher von Salzen, Eisen, Chrom und Nickel befreit. Diese Stoffe gehen gelöst als Restwasser wieder zurück ins Wassernetz. Das so aufbereitete vollentsalzte Wasser (VE-Wasser) strömt über eine Umwälzpumpe und über einen Wärmetauscher der Elektrolysezelle zu. Komplettiert wird der Wasserkreislauf mit dem Wasserrücklauf aus der Elektrolyse und aus den in Wasserabscheidern abgetrennten Kondenswässern auf der Wasserstoff- und Sauerstoffseite.

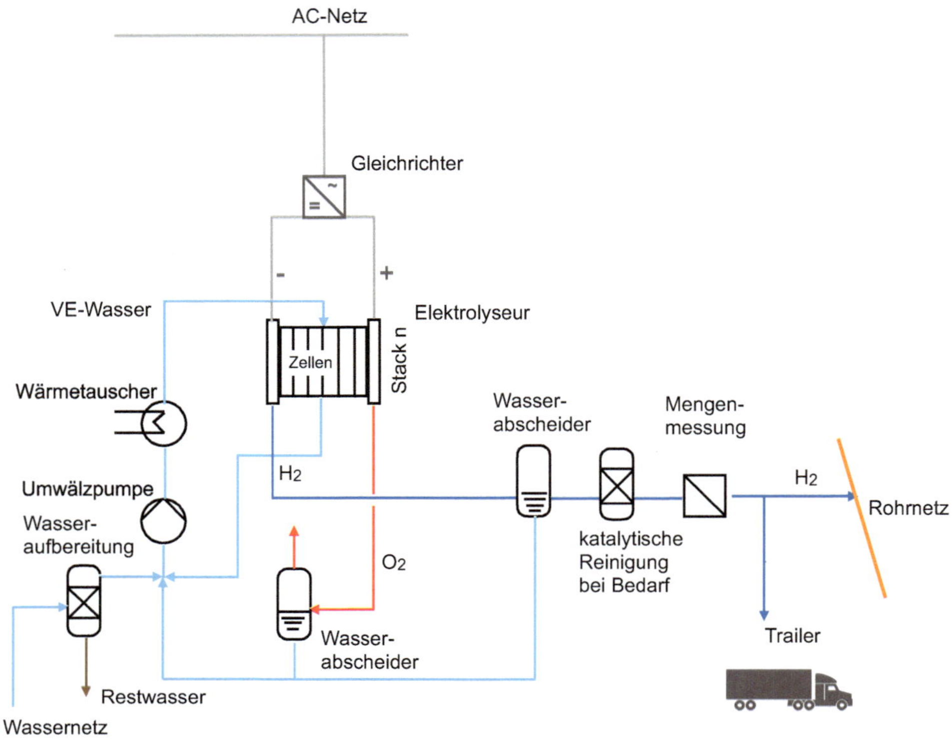

Bild 5.5 Stoffströme bei der Wasserelektrolyse

Einen Eindruck von einer seit ca. acht Jahren betriebenen alkalischen Elektrolyseanlage gewährt Bild 5.6.

Bild 5.6 Alkalischer Elektrolyseur im Betrieb; Hersteller Enertrag Hy Tec GmbH; Betriebstemperatur 5 bis 80 °C; Betriebsüberdruck 50 mbar; H_2-Kapazität 466 m^3/h im Normzustand; O_2-Kapazität 233 m^3/h © ela Industriegas GmbH

Die Aufgaben 30 und 31 behandeln den Wasserbedarf des elektrolytischen Prozesses.

Aufgabe 30

Bestimmen Sie für die Wasserelektrolyse die spezifische salzfreie Wassermenge (VE-Wasser) (1) als

1. Masse m_1 in kg Wasser pro kg erzeugtem Wasserstoff (2) und als
2. Volumen V_1 in Liter Wasser pro kg erzeugtem Wasserstoff.

Die Dichte ϱ_1 des flüssigen Wassers (VE-Wasser) ist 1 kg/l.

Die Ergebnisse sind auf zwei Dezimalstellen zu runden.

Die Lösung ist im Abschnitt 11.4 zu finden.

Aufgabe 31

Für eine PEM-Elektrolyseanlage mit folgenden Betriebsdaten ist der stündliche Gesamtmassenstrom $\left(\dot{m}_1\right)_{\text{ges}}$ an Frischwasser (1), der dem Elektrolyseur für die Erzeugung von Wasserstoff (2) und Sauerstoff (3) aus dem Wassernetz zugeführt werden muss, zu bestimmen.

Von diesem Massenstrom wird nach der Wasseraufbereitung ein mit Salz angereicherter Teilstrom $\left(\dot{m}_1\right)_2$ mit einem Massenanteil von $w_2 = \frac{\left(\dot{m}_1\right)_2}{\left(\dot{m}_1\right)_{\text{ges}}} = 0{,}54$ dem Wassernetz als Restwasser wieder zugeführt.

Die Stoffströme sind im Fließschema im Bild 5.5 eingezeichnet. Auf der Produktseite sind die Volumenströme im Normzustand:

$$\dot{V}_{n,2} = 30\ \text{m}^3/\text{h}; \dot{V}_{n,3} = 15\ \text{m}^3/\text{h}$$

Die Ergebnisse sind auf zwei Dezimalstellen zu runden.

Die Lösung ist im Abschnitt 11.4 zu finden.

Hinweis

Weitere Auskünfte über den thematischen Zusammenhang finden Sie im Buch *Wasserstofftechnik* im Abschnitt 5.2 (Elektrolytische Verfahren zur Wasserstofferzeugung) und 5.2.1 (Die elektrochemischen Grundlagen der Elektrolyse).

Der für das Verständnis chemischer Reaktionen elementare Satz von Hess ist im Abschnitt 2.5 in der Formel 2.40 für die Reaktionsenthalpie im Standardzustand $\Delta_R h^\ominus$ abgebildet. In der Tabelle 2.15 kann man die Rechenvorschriften zur Bestimmung der Größen Reaktionsentropie und Freie Reaktionsenthalpie einsehen. Die zur Berechnung erforderlichen thermodynamische Daten der an der Wasserelektrolyse beteiligten Stoffe Wasser, Wasserstoff und Sauerstoff sind in Tabelle 2.16 zu finden.

Aufgabe 32 schließt sich mit einer angepassten Aufgabenstellung an.

Aufgabe 32

Für die Wasserelektrolyse soll die freie Enthalpie $\Delta_R g^\ominus$

1. mithilfe des Satzes von Hess und
2. mit Unterstützung der in Aufgabe 20 für Entropie und Enthalpie bestimmten Werte und über die thermodynamische Fundamentalgleichung aus der Tabelle 2.15 im Abschnitt 2.5

ermittelt werden.

Die Ergebnisse sind auf zwei Dezimalstellen zu runden.

Die Lösung ist im Abschnitt 11.4 zu finden.

Bei der Wasserelektrolyse wird die erforderliche Zellspannung U_z vom Betriebsdruck in der Elektrolysezelle nach der folgenden Gleichung beeinflusst.

$$U_z(p) = U_0 + \frac{R_m T}{zF} \sum \ln\left(\frac{p_i}{p^\ominus}\right)^{\nu_i} \qquad \text{Formel 5.5}$$

In der Formel 5.5 ist z die Anzahl der an der Reaktion beteiligten Ladungsträger (z = 2) und F = 96485 As/mol die Faraday-Konstante. Der Partialdruck p_i wird als Absolutdruck eingesetzt.

Aufgabe 33 behandelt diese Thematik.

Aufgabe 33

In einem Elektrolyseur herrscht bei der Standardtemperatur $T^\ominus = 298{,}15\,\text{K}$ ein erhöhter Betriebsdruck $p = 20$ bar$_\text{ü}$. Der Umgebungsdruck ist $p_0 = 1\,\text{bar}$.

Die durch die Druckerhöhung bewirkte Änderung der Zellspannung $\Delta U_z(p)$ soll bestimmt werden.

Die Ergebnisse sind auf zwei Dezimalstellen zu runden.

Die Lösung ist im Abschnitt 11.4 zu finden.

Das Bild 5.7 gestattet den Blick in das Innere des Elektrolyseurs, auf die Membran einer alkalischen Elektrolyseanlage, deren vornehmliche Aufgabe es ist, Sauerstoff und Wasserstoff voneinander zu trennen und gleichzeitig für Ladungsträger durchlässig zu sein.

Bild 5.7
Aus einer alkalischen Elektrolyseanlage ausgebautes Diaphragma. Im eingebauten Zustand Verwendung als Membran zur Trennung der Kathodenseite von der Anodenseite
© ela Industriegas GmbH

Um die Wirksamkeit eines elektrolytischen Prozesses zu beurteilen, benötigt man Kenntnis über die verschiedenen Einzelwirkungsgrade η_V und η_F des Elektrolyseurs, die zu einem Gesamtwirkungsgrad der Elektrolysestacks η_{DC} zusammengefasst werden können. Hinzu kommt noch die Berücksichtigung etwaiger Verluste in Nebenaggregaten wie Pumpen und die mögliche Wärme-Nachnutzung über Wärmetauscher, so dass ein Gesamtwirkungsgrad η_{EL} des kompletten Elektrolysesystems aufgestellt werden kann. Tabelle 5.1 gibt den Überblick zu den vorgenannten Effizienzgrößen.

Tabelle 5.1 Wirkungsgrade des elektrolytischen Prozesses

Bezeichnung	Inhalt	Formeln
Spannungswirkungsgrad	Berücksichtigt Abweichung der Zellspannung von der thermoneutralen Zellspannung U_{th} 1)	$\eta_V = \frac{U_{th}}{U_z}$
Faraday-Wirkungsgrad	Ist ein Maß für die Stromausbeute	$\eta_F = I / I_F = \frac{zF\dot{n}_{H_2}}{I}$
Gesamtwirkungsgrad der Elektrolysestacks	Ist gleichzusetzen mit dem inneren Wirkungsgrad der Elektrolyseanlage ohne Nebenanlagen	$\eta_{DC} = \eta_V \eta_F$ $\eta_{DC} = \left[\frac{\left(\dot{V}_n H_{s,n}\right)_{H_2}}{P_{el}}\right]_{Zelle,Stack}$

Tabelle 5.1 Wirkungsgrade des elektrolytischen Prozesses *(Fortsetzung)*

Bezeichnung	Inhalt	Formeln
Gesamtwirkungsgrad des elektrolytischen Systems	Berücksichtigt Verluste in angeschlossenen Nebenanlagen und die Wärme-Nachnutzung durch Wärmetauscher	$\eta_{EL} = \frac{(\dot{V}_n H_{s,n})_{H_2} + \dot{Q}_W}{\sum_i P_{el,i} + \dot{Q}_{th}}$ $\eta_{EL} = \frac{(V_n H_{s,n})_{H_2} + Q_W}{\sum_i W_{el,i} + Q_{th}}$

Anmerkungen: 1) thermoneutrale Zellspannung U_{th} = 1,48 V

Hinweis

Weitere Auskünfte über den thematischen Zusammenhang finden Sie im Buch *Wasserstofftechnik* im Abschnitt 5.23 (Die Effizienz der Elektrolyse) und 5.2.6 (Die im Zusammenhang mit der Hochtemperaturelektrolyse behandelte Thematik der Zelldegradation).

Die Aufgaben 34 und 35 beschäftigen sich mit der Effizienz einer PEM-Elektrolyseanlage.

Aufgabe 34

Ein PEM-Elektrolysesystem (PEM) weist folgende Betriebsdaten auf:

- Wasserstoffvolumenstrom im Normzustand $\dot{V} = 30\,\mathrm{m}^3/\mathrm{h}$,
- maximale elektrische Leistungsanforderung $P_{el} = 150$ kW,
- Zurverfügungstellung von Wärmeleistung $\dot{Q}_W = 22$ kW für einen nachgelagerten Verbraucher.

Es soll der Gesamtwirkungsgrad η_{EL} für das System aus Elektrolyseur und Nebenanlagen und für zwei unterschiedliche Betriebsfälle berechnet werden:

1. Die Benutzungsstundenzahl des Elektrolyseurs (Stack) und der nachgelagerten Wärmenutzung (W) sind: $b_{h,Stack} = 3000$ h / a; $b_{h,W} = 3000$ h / a,
2. die Benutzungsstundenzahl des Elektrolyseurs (Stack) und der nachgelagerten Wärmenutzung (W) sind: $b_{h,Stack} = 3000$ h / a; $b_{h,W} = 1500$ h / a.

Die Ergebnisse sind auf drei Dezimalstellen zu runden.

Die Lösung ist im Abschnitt 11.4 zu finden.

Aufgabe 35

Für das in Aufgabe 34 beschriebene PEM-Elektrolysesystem sollen

1. der Spannungswirkungsgrad η_V,
2. der Faraday-Wirkungsgrad η_F und

3. der DC-Wirkungsgrad η_{DC}

berechnet werden.

Die Zellspannung ist $U_z = 1{,}70\,V$.

Die Ergebnisse sind auf drei Dezimalstellen zu runden.

Die Lösung ist im Abschnitt 11.4 zu finden.

5.2.2 Biologische Wasserstoffproduktion

Eine zukünftige Quelle des *grünen* Wasserstoff wird die Umwandlung von biologischen Abfällen und Abwässern wie beispielsweise aus der Lebensmittelindustrie (Bild 5.8) unter dem Einfluss von Mikroorganismen sein.

Bild 5.8
Stärkehaltiges Abwasser aus der Lebensmittelproduktion als Wasserstoffquelle © T. Weide

Hinweis

Weitere Auskünfte über den thematischen Zusammenhang finden Sie im Buch *Wasserstofftechnik* im Abschnitt 5.3 (Die biologische Wasserstofferzeugung).

Der Zusammenhang zwischen Energiemenge E aus biologischen Grundstoffen und der damit verbundenen Wasserstoffproduktion in Volumen V oder als Masse m ist in Anwendungsfällen herzustellen. Die Bindeglieder sind der Energieinhalt oder der Brennwert $H_{s,n}$ und die Dichte ϱ_n des Wasserstoffs im Normzustand.

$$E = V_n H_{s,n} = \frac{m}{\varrho_n} H_{s,n}$$ Formel 5.6

In der Aufgabenstellung 36 wird Formel 5.6 angewendet.

Aufgabe 36

Es geht um die biologische Wasserstofferzeugung.

1. Welches Volumen im Normzustand und
2. welche Masse

müssen jährlich erzeugt werden, um mit Wasserstoff eine Energiemenge $E = 1\,\text{TWh}/\text{a}$ zur Verfügung zu haben?

Die Ergebnisse sind auf zwei Dezimalstellen zu runden.

Die Lösung ist im Abschnitt 11.4 zu finden.

Eine der vielversprechenden Verfahren ist die Photofermentation. In dem Umwandlungsprozess wird Biomasse unter dem Einfluss von Licht durch eine Reihe von photosynthetischen Bakterien anaerob in Wasserstoff umgewandelt.

> **Hinweis**
>
> Weitere Auskünfte über den thematischen Zusammenhang finden Sie im Buch *Wasserstofftechnik* im Abschnitt 5.3.3.1 (Die Photofermentation).

Die chemische Formel ist:

$$C_6H_{12}O_6 + 6H_2O \xrightarrow{\text{Licht}} 6CO_2 + 12H_2 \qquad \text{Formel 5.7}$$

Zu den mit dem Verfahren verbundenen Fragestellungen gehört auch die Frage nach der Höhe des erforderlichen Biomasseeinsatzes. In der Aufgabe 37 soll dies berechnet werden.

Aufgabe 37

Der Energieträger Wasserstoff aus der Photofermentation soll eine Energiemenge von $E = 1\,\text{TWh}$ bereitstellen. In der Aufgabenstellung 36 wurden das benötigte Wasserstoffvolumen und die benötigte Wasserstoffmasse berechnet. Es soll die dafür benötigte Biomasse $C_6H_{12}O_6$ für die Umsetzung mithilfe der Photofermentation bestimmt werden. In der Berechnung wird ein vollständiger Umsetzungsgrad $\eta = 1$ vorausgesetzt.

Für die Biomasse wird eine molare Masse $M = 180{,}15\,\text{kg}/\text{kmol}$ angenommen.

Die Ergebnisse sind auf eine Dezimalstelle zu runden.

Die Lösung ist im Abschnitt 11.4 zu finden.

Aufgabe 38 behandelt die dunkle Fermentation. Dieses von anaerob wirkenden Mikroorganismen gestützte Verfahren zur Wasserstofferzeugung knüpft an den eigentlichen Fermentationsprozess zum Biogas an, nutzt allerdings nur die ersten drei Prozessschritte. Die Reaktionsgleichung mit den beteiligten Edukten Biomasse (BM) und Wasser und den Produkten Essigsäure, Kohlendioxid und Wasserstoff ist:

$$C_6H_{12}O_6 + 2H_2O \rightarrow 2CH_3COOH + 2CO_2 + 4H_2 \quad \text{Formel 5.8}$$

Als Einsatzstoffe kommen auch Abwässer aus der Agrarwirtschaft, wie im Bild 5.9 zu sehen, infrage.

Bild 5.9
Presssaft aus Gras-Silage aus der Agrarwirtschaft als Einsatzstoff in dem Verfahren der dunklen Fermentation
© T. Weide

Hinweis

Weitere Auskünfte über den thematischen Zusammenhang finden Sie im Buch *Wasserstofftechnik* im Abschnitt 5.3.3.2 (Die dunkle Fermentation).

Aufgabe 38

In einem Versuchsreaktor wird bei Standarddruck von 1 bar und einer Betriebstemperatur von $\vartheta = 58°C$ über die dunkle Fermentation mit einem Umsetzungsgrad $\eta = 0{,}35$ ein Wasserstoffvolumen $V = 47$ Liter / d im Betriebszustand produziert.

Bekannt ist ebenfalls die dazugehörige Realgaszahl $z = 1{,}0006$. Für die Biomasse $C_6H_{12}O_6$ (BM) wird eine molare Masse $M = 180{,}15$ kg / kmol angenommen. Die molare Masse von Essigsäure ist $M_{CH_3COOH} = 60{,}05$ kg / kmol.

Es soll die für die Wasserstoffproduktion (2) benötigte Biomasse (1) in kg/d berechnet werden.

Die Ergebnisse sind auf zwei Dezimalstellen zu runden.

Die Lösung ist im Abschnitt 11.4 zu finden.

6 Wasserstofftransport durch Leitungen

In der zukünftigen Wasserstoffwelt muss das Gros der Wasserstoffmengen über Pipelines transportiert werden. Der Transport kleinerer Mengen über Straßen oder über den Wasserweg geschieht dort, wo es keine Leitungen gibt. Eine erste Vorstellung eines Wasserstofftransportnetzes mit einer Gesamtlänge von etwa 5900 km zeigt der Netzentwicklungsplan NEP 2020 - 2030 der Vereinigung der Fernleitungsnetzbetreiber Gas (2020) in Bild 6.1.

Planung und Betrieb von Gastransportsystemen wird mithilfe von digitalen Werkzeugen wie dem Programmsystem PSIGanesi durchgeführt. Es ist allerdings geboten, rechnergestützte Ergebnisse auf Plausibilität mit eigenen Berechnungen zu überprüfen und hierbei ein eigenes Gefühl beispielsweise für die Größenordnung des Druckverlustes für Wasserstoffströmungen in Rohrsystemen zu bekommen.

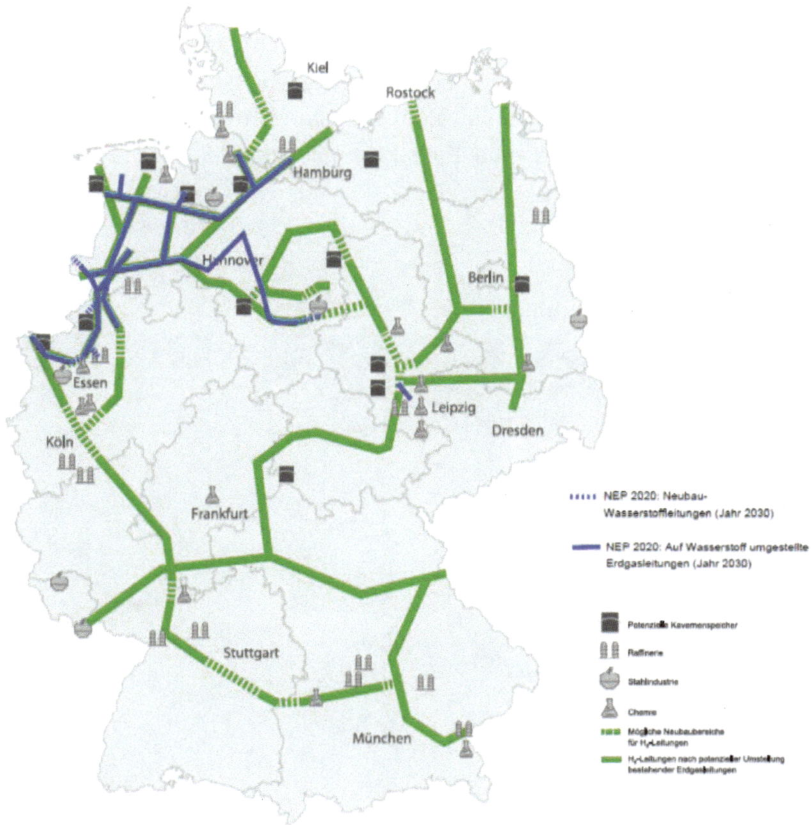

Bild 6.1 Vorstellung eines nationalen Wasserstofftransportnetzsystems zur Belieferung der Industrie unter Beachtung von Potenzial in Untertagespeichern nach dem NEP 2020 - 2030 der Vereinigung der Fernleitungsnetzbetreiber Gas © FNB Gas

■ 6.1 Druckverlust in Rohrleitungen

In Aufgabe 39 geht es um die Berechnung des Druckverlustes in einer mit Wasserstoff gefüllten Rohrleitung. Das Ergebnis wird in Abschnitt 11.5 mit der Softwarelösung von PSIGanesi verglichen und dem Ergebnis einer Erdgasströmung gegenübergestellt.

> **Hinweis**
>
> Weitere Auskünfte über den thematischen Zusammenhang finden Sie im Buch *Wasserstofftechnik* im Abschnitt 6.1 (Leitungsgebundener Transport von Wasserstoff).

Die Berechnung berücksichtigt, dass sich entlang eines Strömungsweges fortlaufend der Druck und die Dichte im Wasserstoffgas verändern (raumveränderliche Fortleitung) und die Temperatur konstant bleibt (isotherme Zustandsänderung). Zunächst wird im ersten Berechnungsabschnitt ein idealer Gaszustand angenommen. In einem zweiten Berechnungsabschnitt wird eine Korrektur hin zum realen Gasverhalten vorgenommen. In der nachfolgenden Tabelle werden für den Berechnungsfall des bekannten Anfangszustandes die einzelnen Berechnungsschritte vorgestellt.

Tabelle 6.1 Berechnung des Druckverlustes in einer Transportrohrleitung 1)

Berechnungsschritte	Formeln	Anm.
Berechnung des Druckzustandes am Ende der Rohrleitung für den idealen Gaszustand		
Betriebsvolumenstrom am Eingang zur Rohrleitung	$\dot{V}_{1i} = \dot{V}_n \frac{p_n}{p_1} \frac{T_1}{T_n}$	2)
Strömungsgeschwindigkeit am Eingang zur Rohrleitung	$w_{1i} = \frac{4\dot{V}_{1i}}{\pi d_i^2}$	2)
Betriebsdichte des Wasserstoffgases am Eingang zur Rohrleitung	$\varrho_{1i} = \varrho_n \frac{p_1}{p_n} \frac{T_n}{T_1}$	2)
Reynoldszahl zur Charakterisierung der Strömung	$R_e = \frac{w_{1i} d_i \varrho_{1i}}{\eta}$	2)
Rohrreibungszahl für turbulente, hydraulisch glatte Strömungsform	$\lambda = 0{,}0032 + 0{,}221 R_e^{-0{,}237}$ (Formel von Nikuradse)	3) 2)
Druck am Ausgang der Rohrleitung	$p_2 = p_1 - \Delta p = p_1 \sqrt{1 - \lambda \frac{L}{d_i} \frac{\varrho_{1i}}{p_1 / \mathrm{Pa}} w_{1i}^2}$	2)
Korrektur des Druckzustandes am Ende der Rohrleitung für den realen Gaszustand		
Integraler mittlerer Druck über der gesamten Rohrleitungsstrecke	$p_m = \frac{2}{3} \left(\frac{p_1^3 - p_2^3}{p_1^2 - p_2^2} \right)$	4)
Integrale mittlere Realgaszahl	Bestimmung von $z_m = f(p_m)$ nach dem Verfahren von Peng und Robinson (PR-Gleichung) im Abschnitt 2.1.2 oder mit Tabelle 6.2 unter Zuhilfenahme des Sekantennäherungsverfahrens (Regula Falsi) mit der Formel 6.1 und Formel 6.2.	4)
Integrale mittlere Kompressibilitätszahl	$K_m = \frac{z_m}{z_n}$	4)
Realer Druckverlust entlang der gesamten Rohrleitungslänge	$\Delta p_r = p_1 \left(1 - \sqrt{1 - \lambda \frac{L}{d_i} \frac{\varrho_{1i}}{p_1 / \mathrm{Pa}} w_{1i}^2 K_m} \right)$	4)

Berechnungsschritte	Formeln	Anm.
Druck am Ausgang der Rohrleitung	$p_2 = p_1 - \Delta p_r = p_1 \sqrt{1 - \lambda \frac{L}{d_i} \frac{\varrho_{1i}}{p_1 / \text{Pa}} w_{1i}^2 K_m}$	4)

Anmerkungen: 1) Es wird raumveränderliche Fortleitung, bekannter Anfangszustand und isothermer Zustandsänderung entlang des Strömungsweges vorausgesetzt; 2) idealer Gaszustand; 3) Voraussetzung ist $Re \cdot k / d_i \leq 65$ und $10^5 < R_e < 5 \cdot 10^5$; herrschen andere Strömungsverhältnisse, so findet man Hinweise über den weiteren Rechenweg im *Buch Wasserstofftechnik*, im Abschnitt 6.1 (Leitungsgebundener Transport von Wasserstoff); 4) realer Gaszustand

In Tabelle 6.2 werden Stützwerte für die Realgaszahl z von Wasserstoff geliefert.

Tabelle 6.2 Realgaszahlen z des n-Wasserstoffs

Stoff	(reales Gasverhalten) p = 10 bar_a					(reales Gasverhalten) p = 100 bar_a				
T/K	250	273	298	350	400	250	273	298	350	400
n-H_2	1,0064	1,0062	1,0059	1,0053	1,0048	1,0673	1,0638	1,0601	1,0534	1,0479

Anmerkung: Auszug aus Tabelle A.1 im Anhang A im *Buch Wasserstofftechnik*

Mit den Stützwerten kann mit Formel 6.1 und Formel 6.2 unter Zuhilfenahme des Sekantennäherungsverfahrens (Regula Falsi) auf andere Druck- und Temperaturbedingungen umgerechnet werden.

Mit $T_1 < T < T_2$ folgt

$$z = z_1 + \frac{z_2 - z_1}{T_2 - T_1}(T - T_1) \qquad \text{Formel 6.1}$$

Mit $p_1 < p < p_2$ folgt

$$z = z_1 + \frac{z_2 - z_1}{p_2 - p_1}(p - p_1) \qquad \text{Formel 6.2}$$

Aufgabe 39

Zwischen zwei als Armaturen in Bild 6.2 dargestellten Netzknoten, die 70 km voneinander entfernt sind, wird ein Volumenstrom Wasserstoff im Normzustand von 20 000 m³/h transportiert.

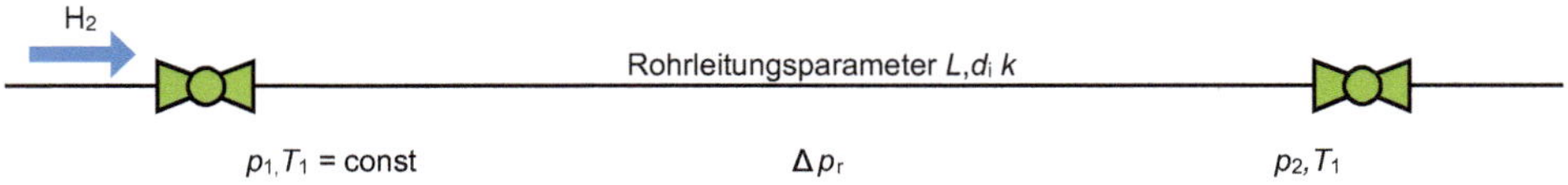

Bild 6.2 Rohrleitungsabschnitt zwischen zwei Netzknoten, die in der Praxis Armaturen sind

Der Eingangsdruck beträgt p_1 = 20 bar$_ü$. Die Rohrrauigkeit k wird mit 0,1 mm angenommen. Die Temperatur des Gases in der Leitung ändert sich nicht und beträgt konstant $\vartheta = 12°C$. Die dynamische Viskosität ist $\eta = 8{,}377 \cdot 10^{-6}\ kg/(m\ s)$. Höhenunterschiede im Leitungsverlauf bleiben unberücksichtigt. Der Umgebungsdruck p_0 ist 1 bar.

Wie groß ist der Druckverlust am zweiten Knoten in bar, wenn die Leitung eine Dimension (d_a × s) von 355,6 × 6,3 mm (DN 350) hat?

Das Ergebnis ist auf zwei Dezimalstellen zu runden.

Die Lösung ist im Abschnitt 11.5 zu finden.

6.2 Einspeisung in nachgeschaltete Systeme

Die Einspeisung von Wasserstoffmengen aus vorgelagerten Leitungen in nachgeschaltete Wasserstoffleitungen ist wesentlicher Bestandteil des in Bild 6.1 vorgestellten nationalen Wasserstofftransportsystems. Die Umsetzung erfolgt mithilfe von Verdichtern, die von Elektromotoren oder von Gasturbinen angetrieben werden. Es handelt sich meist um eine radiale Strömungsmaschine. Diese werden bei größerer Menge und bei moderater Druckerhöhung eingesetzt. Der Kolbenverdichter, der bei geringerem Volumenstrom und höherem Druckverhältnis zum Einsatz kommt, wird im nächsten Kapitel behandelt.

Bild 6.3 zeigt das vereinfachte Fließbild einer Einspeiseanlage von Wasserstoff in ein nachgelagertes Transportsystem. Als Teil der Verdichteranlage sind auch Gaskühler und Messanlage Bestandteil des Fließbildes. Der gezeigte Pulsationsdämpfer kommt bei Verdrängungsmaschinen wie Kolbenverdichtern zum Einsatz. Bei Strömungsmaschinen wie Radialverdichtern sind sie nicht notwendig.

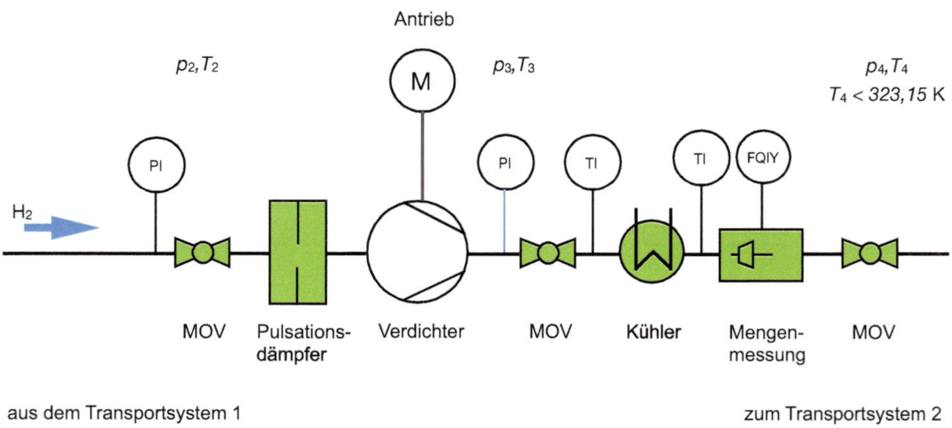

Bild 6.3 Schematisches Fließbild zur Einspeisung von Wasserstoff in ein nachgeschaltetes Transportsystem

Hinweis

Weitere Auskünfte über den thematischen Zusammenhang finden Sie im Buch *Wasserstofftechnik* in den Abschnitten 6.3 (Kompensation des Druckverlustes auf dem Transportsystem), 2.2.5 (Die polytrope Zustandsänderung) und 2.2.6 (Wirkungs- und Nutzungsgrade).

Die erforderliche Kupplungsleistung des Verdichters P und die zur Kühlung auf eine zulässige Temperatur von $\vartheta \leq 50°C$ erforderlich Kühlleistung $\dot{Q}$ ist den Gleichungen in Tabelle 6.3 zu entnehmen:

Tabelle 6.3 Formeln zur Bestimmung von Verdichterleistung und Kühlleistung nach Bild 6.3

Größe	Einheit	Formeln
Spezifische, isentrope Verdichterarbeit	kJ/kg	$w_{t23} = \overline{c}_{p23} T_2 z_2 \left[\left(\frac{p_3}{p_2} \right)^{\frac{\kappa-1}{\kappa}} - 1 \right]$
Temperatur im Verdichterausgang	K	$T_3 = T_2 \left(\frac{p_3}{p_2} \right)^{\frac{\kappa-1}{\kappa}}$
Verdichterleistung	kW	$P_{23} = \frac{\dot{m} w_{t23}}{\eta_{ges}} = \frac{\dot{V}_n \varrho_n w_{t23}}{\eta_{ges}}$
Kühlleistung	kW	$\dot{Q}_{34} = \dot{m} \overline{c}_{p_{34}} (T_3 - T_4) = \dot{V}_n \varrho_n \overline{c}_{p_{34}} (T_3 - T_4)$

Anmerkungen: die Nummerierung orientiert sich an der Darstellung in Bild 6.3

In Aufgabe 40 sollen die Formeln aus Tabelle 6.3 für Wasserstoff und zum Vergleich für Erdgas angewendet werden.

Aufgabe 40

Bild 6.4 zeigt das Beispiel eines Transportverdichters in einer Verdichterstation, um das Gas von einem vorgelagerten Transportsystem in ein nachgeschaltetes Transportsystem einzuspeisen.

In einem vergleichbaren Anwendungsfall soll Wasserstoff mit einer pro Stunde transportierten Energiemenge von $\dot{E} = 70{,}8$ MW aus einem Transportsystem 1 in ein Transportsystem 2 eingespeist werden. Bild 6.3 zeigt den Verfahrensablauf.

Bild 6.4 Strömungsmaschine mit Elektroantrieb als Transportverdichter der Thyssengas GmbH in der Verdichterstation Hünxe © Thyssengas GmbH

Der Leitungsdruck im Transportsystem 1 vor dem Verdichter ist $p_2 = 20\,\text{bar}_{ü}$. Der Leitungsdruck im Transportsystem 2 nach dem Kühler ist $p_4 = 60\,\text{bar}_{ü}$. Die Temperatur vor dem Verdichtungsprozess ist $\vartheta_2 = 12°C$. Die Temperatur hinter dem Kühler soll $\vartheta_4 = 50°C$ nicht überschreiten. Ein Druckunterschied zwischen dem Verdichterausgang und dem Eintritt in das Transportsystem 2 wird vernachlässigt. Der Umgebungsdruck p_0 ist 1 bar.

1. Wie groß ist die Kupplungsleistung P_{23} des Verdichters, wenn ein Wirkungsgrad η_{ges} von 0,70 unterstellt wird?
2. Welche Kühlleistung $\dot{Q}_{34}$ wird benötigt?
3. In der Berechnung sollen abschließend die unter 1. und 2. genannten Größen für Erdgas ermittelt werden, um den Vergleich mit den Ergebnissen zu Wasserstoff zu ermöglichen.

Die in Tabelle 6.4 aufgeführten spezifischen Größen können verwendet werden. Weitere Werte findet man in den Tabellen 2.1 und 4.1 im Abschnitt 2.1 und im Abschnitt 4.1.

Tabelle 6.4 Prozess- und stoffspezifische Größen der beteiligten Fluide

Größe	Einheit	Wasserstoff	Erdgas
z_2	-	1,013	0,942
κ	-	1,41	1,31
$\overline{c}_{p23}$	kJ/(kg K)	14,448	2,253
$\overline{c}_{p34}$	kJ/(kg K)	14,542	2,502

Die Ergebnisse sind ganzzahlig anzugeben.

Die Lösung ist im Abschnitt 11.5 zu finden.

7 Fluidenergiemaschinen für Wasserstoff

Der Verdichter oder Kompressor als klassische Energiewandlungsmaschine oder Fluidenergiemaschine, mit dem Wasserstoff auf ein höheres Druckniveau gebracht wird, ist eine Verdrängungsmaschine oder eine Strömungsmaschine.

Der Radialverdichter, eine klassische Strömungsmaschine, wird bereits im Abschnitt 6.2 beschrieben.

7.1 Kolbenverdichter

Kolbenverdichter, wie der zweistufige Verdichter in V-Bauart im Bild 7.1, sind typische Verdrängungsmaschinen. Die für die Bearbeitung der nächsten Aufgabe erforderlichen Formeln sind der Tabelle 6.2 im Abschnitt 6.2 zu entnehmen.

Bild 7.1 Zweistufiger Kolbenverdichter für H_2 in V-Bauart mit einer Antriebsleistung von 160 kW in einer Anlage der ela Industriegas GmbH in Werlte © ela Industriegas GmbH

Hinweis

Weitere Auskünfte über den thematischen Zusammenhang finden Sie im Buch *Wasserstofftechnik* im Abschnitt 7.1 (Verdichter für die Kompression von Wasserstoff) und im Abschnitt 7.1.1 (Der Kolbenverdichter).

Aufgabe 41 behandelt Fragen der Kompression von Wasserstoff mit einem Kolbenverdichter.

Aufgabe 41

Ein elektrolytisch erzeugter Wasserstoffstrom aus einer Elektrolyseanlage mit einer verlustfreien Elektrolyseleistung $P_{EL} = 2\,MW$ und einem Gesamtwirkungsgrad $\eta_{EL} = 0{,}72$ soll in ein Wasserstoffnetz eingespeist werden. Der Druck hinter dem Elektrolyseur und vor dem einstufigen Kolbenverdichter ist $p_1 = 28\,bar_ü$, die dazugehörige Temperatur ist $\vartheta_1 = 25°C$. Der Umgebungsdruck p_0 ist 1 bar.

1. Wie groß ist die erforderliche Verdichterleistung P in kW, wenn der Wasserstoff auf einen Enddruck von $p_2 = 68\,bar_ü$ komprimiert werden soll? Der Gesamtwirkungsgrad der Verdichteranlage ist $\eta_{ges} = 0{,}72$.
2. Wie hoch ist die Ausgangstemperatur ϑ_2 des Wasserstoffs nach dem Verdichterausgang?

Bekannt sind außerdem:

Tabelle 7.1 Prozessbedingte Größen des Wasserstoffs

Größe	Einheit	Wert
z_1	-	1,016
κ	-	1,41
$\bar{c}_{p12}$	kJ/(kg K)	14,471

Die Ergebnisse sind auf eine Dezimalstelle gerundet anzugeben.

Die Lösung ist im Abschnitt 11.6 zu finden.

7.2 Gasturbine

Die Gasturbine ist eine klassische Energiewandlungsmaschine. Sie kommt als Antriebsmaschine für Verdichter und in der Verbindung mit Generatoren bei der Stromerzeugung zum Einsatz. Über ihren Abgasstrom in BHKWs oder Kraftwerken kann sie zur Bereitstellung von Wärme einen Beitrag leisten. Wasserstoff kann frei von CO_2-Emissionen mit dem Luftsauerstoff in ihren Brennkammern (Bild 7.2) verbrannt werden.

Hinweis

Weitere Auskünfte über den thematischen Zusammenhang finden Sie im Buch *Wasserstofftechnik* im Abschnitt 7.2 (Gasmotoren und Gasturbinen in der zukünftigen Wasserstoffwelt).

Bild 7.2
Brennkammer einer Gasturbinenanlage
© Thyssengas GmbH

Die Leistung an der Kupplung einer Gasturbine als effektive Leistung P_K ist mit dem Brennstoffvolumenstrom $\dot{V}_{B,n}$ und dem Heizwert des Wasserstoffs aus Tabelle 4.1 im Abschnitt 4.1 sowie dem effektiven Wirkungsgrad der Gasturbinenanlage η_K zu berechnen:

$$P_K = \eta_K H_{i,n} \dot{V}_{B,n} \qquad \text{Formel 7.1}$$

Die Anwendung der Formel 7.1 erfolgt in Aufgabe 42.

Aufgabe 42

Es wird unterstellt, dass der Antrieb des in Aufgabe 40 betrachteten Verdichters eine Gasturbinenanlage mit einem effektiven Wirkungsgrad $\eta_K = 0{,}38$ ist, die mit Wasserstoff als Brennstoff und Luftsauerstoff betrieben wird. Der Heizwert des Wasserstoffs ist in Tabelle 4.1 im Abschnitt 4.1 zu finden.

Wie groß ist der maximale Brennstoffvolumenstrom im Normzustand $\dot{V}_{B,n}$?

Das Ergebnis ist ganzzahlig anzugeben.

Die Lösung ist im Abschnitt 11.6 zu finden.

7.3 Expansionsanlage

Bei Transport und Speicherung von Wasserstoff kann alternativ zu einer herkömmlichen isenthalpen Drosselung eine Expansionsanlage eingesetzt werden, um den Druck im Wasserstoffnetz zu reduzieren. Für die in der Expansionsanlage eingesetzten Expander kommen Strömungsmaschinen und Verdrängungsmaschinen in Frage. Bild 7.3 zeigt das Beispiel einer in Turbinen zur Gasentspannung eingesetzten Laufschaufel.

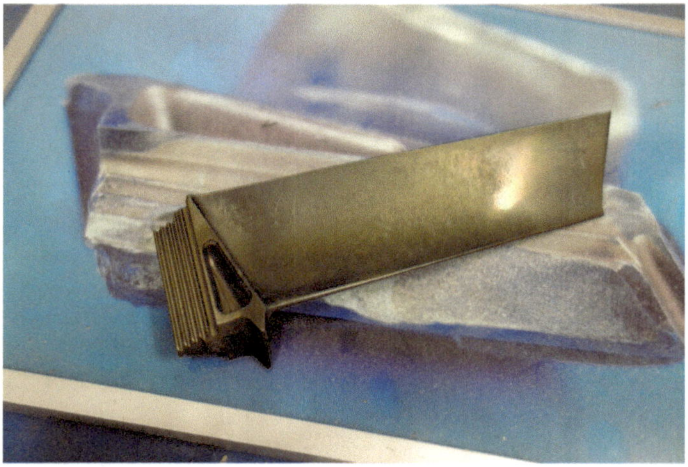

Bild 7.3 Laufschaufel einer Turbine © Thyssengas GmbH

Neben der gewünschten Druckminderung im System wird die Expansionsanlage im Rahmen der Energiewandlung auch zur Stromerzeugung über einen angeschlossenen Generator verwendet. Die Entspannung des Gases in der Expansionsanlage führt im Ausgang zu sehr tiefen Temperaturen im Wasserstoffgas. Über einen

Wärmetauscher hinter der Expansionsanlage ist eine Nachnutzung der tiefkalten Temperaturen in einem nachgeschalteten Kältekreislauf möglich.

Hinweis

Weitere Auskünfte über den thematischen Zusammenhang finden Sie im Buch *Wasserstofftechnik* im Abschnitt 7.3 (Expansionsanlagen in Wasserstofftransportsystemen).

Ein vereinfachtes Fließbild zeigt Bild 7.4. Der Bypass um den Expander herum ist eine herkömmliche Druckregelanlage. Sie wird als Redundanz zum Expander benötigt.

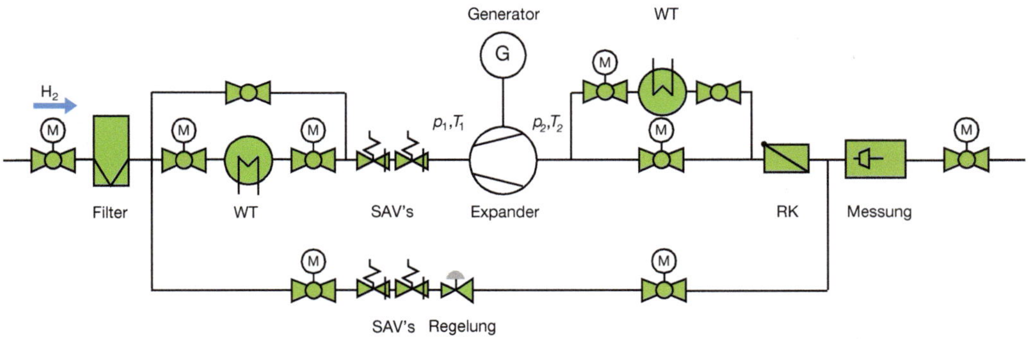

Bild 7.4 Expansionsanlage im Wasserstofftransportsystem (WT bedeutet Wärmetauscher, RK bedeutet Rückschlagklappe

Die benötigten Gleichungen für den Rechenweg sind in Tabelle 7.2 zu finden.

Tabelle 7.2 Formeln zur Bestimmung von Expanderleistung und der Temperatur im Expanderausgang

Größe	Einheit	Formeln
Spezifische isentrope Expansionsarbeit	kJ/kg	$w_{t_{12}}^{is} = c_{p_1} T_1 z_1 \left[1 - \left(\frac{p_2}{p_1}\right)^{\frac{\kappa-1}{\kappa}}\right]$
Maximale elektrische Leistung	kW	$P_{el} = \dot{m} w_{t_{12}}^{is} \eta = \dot{V}_n \varrho_n w_{t_{12}}^{is} \eta$
Temperatur im Ausgang des Expanders	K	$T_2 = T_1 \left[1 - \eta_{is} + \eta_{is} \left(\frac{p_2}{p_1}\right)^{\frac{\kappa-1}{\kappa}}\right]$

Aufgabe 43 behandelt das Themas Expansionsanlage mit den in Tabelle 7.2 vorgestellten Gleichungen.

Aufgabe 43

Ein Wasserstoffstrom im Normzustand von $\dot{V}_n = 20000\,m^3/h$ in einem Transportsystem wird einer Expansionsanlage, wie in Bild 7.4 dargestellt, zugeführt.

Der Druck vor und hinter dem Expander ist $p_1 = 68\,bar_ü$ und $p_2 = 0{,}5\,bar_ü$ und die dazugehörige Temperatur vor der Expansion ist $\vartheta_1 = 12°C$. Der Umgebungsdruck ist $p_0 = 1\,bar$.

Folgende tabellarisch aufgeführten spezifischen Größen können verwendet werden:

Tabelle 7.3 Prozessspezifische Größen innerhalb der Expansionsanlage

Größe	Einheit	Wert
z_1	-	1,042
κ	-	1,42
c_{p1}	kJ/(kg K)	14,445

1. Wie groß ist die gewonnene elektrische Leistung P in kW, und die erzielbare elektrische Arbeit E in MWh bei einer Benutzungsstundenzahl von $b_h = 4500\,h/a$. Der Gesamtwirkungsgrad der Expansionsanlage ist $\eta = 0{,}72$.
2. Wie hoch ist die Ausgangstemperatur ϑ_2 des Wasserstoffs nach dem Expansionsvorgang? Es wird ein isentroper Wirkungsgrad von $\eta_{is} = 0{,}8$ unterstellt.

Die Ergebnisse sind ganzzahlig und im Fall der Temperatur auf eine Dezimalstelle gerundet anzugeben.

Die Lösung ist im Abschnitt 11.6 zu finden.

8 Verflüssigter Wasserstoff

Die Abkühlung von technischen Gasen bis zum Erreichen der Siedelinie ist eine Maßnahme, um das Volumen zu verringern und so auf möglichst kleinstem Raum eine große Energiemenge speichern zu können. So wird Erdgas bei etwa −162 °C abgekühlt und verflüssigt und als Liquid Natural Gas LNG in speziell ausgerüsteten Tankschiffen über alle Meere verschifft.

Die Technik der Verflüssigung von Wasserstoff und die Umwandlung in Liquid Hydrogen LH_2 ist seit Jahrzehnten bekannt. Allerdings ist die Verflüssigungstemperatur mit etwa −253 °C extrem niedrig. Ungeachtet der mit der Verflüssigung verbundenen Aufwendungen für Energie und Technik stellt LH_2 zu den herkömmlichen Methoden eine zusätzliche Möglichkeit der Speicherung und des Transports dar.

Hinweis

Weitere Auskünfte über den thematischen Zusammenhang finden Sie im Buch *Wasserstofftechnik* im Kapitel 8 (Die Verflüssigung von Wasserstoff).

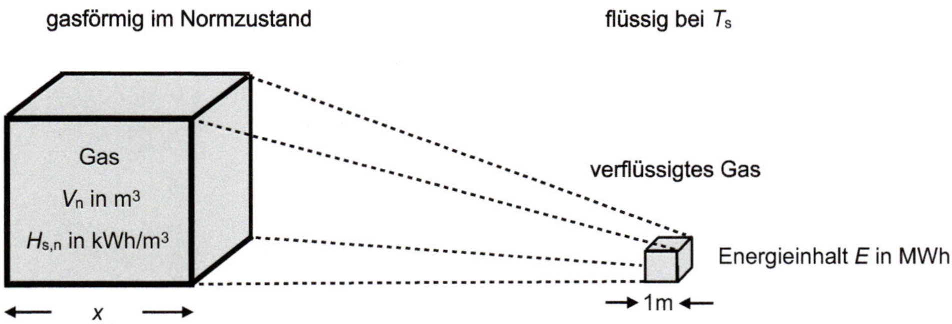

Bild 8.1 Gasverflüssigung und Volumenreduzierung zur Energiespeicherung auf kleinstem Raum

Bild 8.1 demonstriert die Energiespeicherung in 1 m³ Flüssiggasvolumen.

Der Energieinhalt E im Gasvolumen bezogen auf den Normzustand ist:

$$E = H_{s,n} V_n$$ Formel 8.1

In Aufgabe 44 werden für Wasserstoff die Fragen nach dem Verhältnis von gasförmigem zu flüssigem Volumen und nach dem Energieinhalt in 1 m^3 Flüssiggasvolumen gestellt.

Aufgabe 44

Die Siedetemperatur des Wasserstoffs und seine Dichte am Siedepunkt sind hier tabellarisch aufgeführt.

Größe	Einheit	Wert
Siedetemperatur T_s	K	20,28
Dichte am Siedepunkt ϱ_s	kg/L	0,07079

1. Für Wasserstoff ist der Würfelinhalt im gasförmigen Zustand V_n im Verhältnis zu einem Würfel der Kantenlänge 1 m mit flüssigem Inhalt und
2. der Energieinhalt E der Würfel zu bestimmen.
3. Außerdem soll die Kantenlänge x des Würfels (Bild 8.1) mit gasförmigem Inhalt berechnet werden.

Die Ergebnisse sind auf eine Dezimalstelle zu runden.

Die Lösung ist im Abschnitt 11.7 zu finden.

9 Wasserstoffspeicher

Wasserstoff hat aufgrund seiner Speicherfähigkeit die Möglichkeit, die Verbindung zwischen verschiedenen Sektoren herzustellen. Die hierfür erforderlichen Speichertypen können völlig unterschiedlich in ihrer Größe, ihrer örtlichen Lage und ihrer Beschaffenheit sein. Speicher für Wasserstoff sind beispielsweise Tanks in Fahrzeugen, unterirdische Salzkavernen und Metallhydridstrukturen. Die Aufgaben 45 bis 49 behandeln Fragen aus dem sehr heterogenen Feld der Wasserstoffspeicher.

■ 9.1 Wasserstoff in Fahrzeug-Tankbehältern

Zur Bearbeitung der Fragestellungen in den Aufgaben 45 und 46 ist die Kenntnis der Speicherdichten von Wasserstoff und weiterer Energieträger erforderlich.

Hinweis

Weitere Auskünfte über den thematischen Zusammenhang finden Sie im Buch *Wasserstofftechnik* im Kapitel 9 (Speicher für den Wasserstoff) und in der Tabelle A.18 im Anhang A.

Tabelle 9.1 gibt für die drei Treibstoffe H_2, CNG und Diesel die gravimetrischen und volumetrischen Energiedichten bezogen auf den Brennwert und den Heizwert an.

Tabelle 9.1 Energiedichten von Wasserstoff, Erdgas H (CNG) und Dieselkraftstoff

Energieträger	Zustand	Anmerkung	$w_{g,s}$	$w_{g,i}$	$w_{v,s}$	$w_{v,i}$
			MJ/kg	MJ/kg	MJ/l	MJ/l
			1)	2)	3)	4)
Wasserstoff	$p = 700\ bar_ü$	CGH_2	141,8	120,0	5,7	4,8

Tabelle 9.1 Energiedichten von Wasserstoff, Erdgas H (CNG) und Dieselkraftstoff *(Fortsetzung)*

Energieträger	Zustand	Anmerkung	$w_{g,s}$	$w_{g,i}$	$w_{v,s}$	$w_{v,i}$
Erdgas H	p = 200 $bar_ü$	CNG	52,8	47,7	9,8	8,9
Dieselkraftstoff	flüssig		45,6	42,3	37,4	34,7

Anmerkungen: 1) gravimetrische Energiedichte, bezogen auf den Brennwert; 2) gravimetrische Energiedichte, bezogen auf den Heizwert; 3) volumetrische Energiedichte, bezogen auf den Brennwert; 4) volumetrische Energiedichte, bezogen auf den Heizwert

Aufgabe 45 beschäftigt sich mit der Frage nach der erforderlichen Tankgröße in Fahrzeugen, wenn Wasserstoff statt komprimiertem Erdgas H (CNG) oder Dieselkraftstoff eingesetzt wird. Bild 9.1 zeigt skizzenhaft eine zweidimensionale Ansicht eines Fahrzeugtanks.

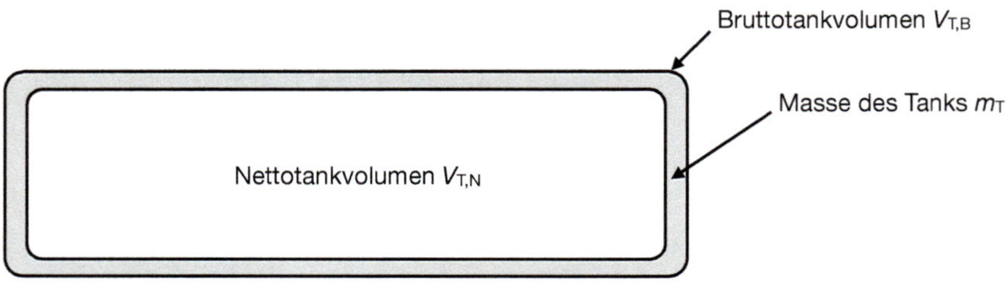

Bild 9.1 Zweidimensionale Skizze eines Fahrzeugtanks

Aufgabe 45

Für Pkw, die mit Wasserstoff, CNG oder Dieselkraftstoff betrieben werden, sind die Verbräuche je 100 km gefahrene Strecke m^* der Tabelle 9.2 zu entnehmen.

Tabelle 9.2 Verbräuche und jeweiliger Betriebsdruck der alternativen Treibstoffe

Treibstoff	Betriebsdruck	Verbrauch je 100 km gefahrene Strecke
Wasserstoff	700 $bar_ü$	$m^* = 0{,}8\ \text{kg}/(100\,\text{km})$
CNG	200 $bar_ü$	$m^* = 4{,}7\ \text{kg}/(100\,\text{km})$
Dieselkraftstoff	Umgebungsdruck	$m^* = 4{,}2\ \text{kg}/(100\,\text{km})$

Wie groß sind für die Treibstoffvarianten mit Blick auf Bild 9.1 die erforderlichen spezifischen Netto-Tankvolumina $v_{T,N}$ in Liter je km?

Die Ergebnisse sind jeweils auf zwei Dezimalstellen zu runden.

Die Lösungen sind im Abschnitt 11.8 zu finden.

In Aufgabe 46 werden die Energiedichten in einem Fahrzeug für hochkomprimierten Wasserstoff CGH_2 bestimmt.

Aufgabe 46

Im Tankbehälter eines Brennstoffzellen-Pkw (FCEV) wird Wasserstoff mit einem Druck $p = 700\ \text{bar}_{ü}$ und einer Temperatur $\vartheta = 25°\text{C}$ gespeichert. Die Realgaszahl im Betriebszustand ist $z = 1{,}4513$. Der Umgebungsdruck ist $p_0 = 1\ \text{bar}$. Weitere Informationen zum Tank sind Tabelle 9.3 zu entnehmen.

Tabelle 9.3 Daten eines Tanks für CGH_2

Tankvolumen Netto	Tankvolumen Brutto	Masse des Tanks
$V_{T,N} = 100\ \text{l}$	$V_{T,B} = 150\ \text{l}$	$m_T = 95\ \text{kg}$

Anmerkungen: nach H. Eichlseder et al. (2012, S. 99)

Es sollen

1. die spezifische, gravimetrische Energiedichten bezogen auf die Gesamtmasse aus Wasserstoff und Tank $w^*_{g,i}$ und
2. die spezifischen, volumetrischen Energiedichten bezogen auf den Netto- und den Bruttotankinhalt $w^N_{v,i}$, $w^B_{v,i}$

bestimmt werden.

Die Ergebnisse sind jeweils auf zwei Dezimalstellen zu runden.

Die Lösungen sind im Abschnitt 11.8 zu finden.

9.2 Wasserstoff in Salzkavernen

Der Ausgleich von Bezug und Erzeugung von Wasserstoff auf der einen Seite und dem Wasserstoffabsatz und dem Wasserstoffverbrauch auf der anderen Seite durch Speicher ist Bestandteil einer funktionierenden Wasserstoffwirtschaft. Für große Wasserstoffmengen kommen hierfür die Hohlräume von Kavernen im Salzgebirge in Frage.

> **Hinweis**
>
> Weitere Auskünfte über den thematischen Zusammenhang finden Sie im Buch *Wasserstofftechnik* im Abschnitt 4.3 (Entwicklungsszenarien des Wasserstoffeinsatzes in Deutschland) und im Abschnitt 9.1 (Die unterirdische Speicherung von Wasserstoff).

Die Kavernen werden im Salzgebirge der Zechsteinsalze im Nordeutschen Becken mit Wasser ausgesolt und über eine gasdichte Verrohrung mit obertägigen Anlagen zum Ein- und Ausspeichern des Wasserstoffs verbunden.

In Bild 9.2 ist Kernmaterial aus einer Kavernenbohrung zu sehen. Das auf der linken Seite abgebildete Stück ist Teil des Übergangs vom Basalanhydrid (Deckgebirge) zum braunroten Salzton an der Oberkante des Steinsalzgebirges im Zechstein. Das rechte Stück ist aus dem grobkristallinen Werrasteinsalz im unteren Bereich der Salzlagerstätte, in dem eine Kaverne für die Wasserstoffspeicherung gesolt werden kann.

Bild 9.2 Kernmaterial aus einer Kavernenbohrung. Links der Übergang vom Basalanhydrid im Deckgebirge zum Salzgebirge, rechts ein grobkristallines Stück aus dem Werrasteinsalz

In Aufgabe 47 wird das Fassungsvermögen des gesolten unterirdischen Hohlraumes und die Betriebsparameter Druck und Temperatur zum Thema gemacht. Bild 9.3 zeigt den Bezug von Parametern wie Druck und Temperatur des Wasserstoffs an der Geländeoberkante (p_K, T_K), Teufen und Höhen h und Volumen V_{geom} der Kaverne sowie Länge L und Durchmesser d der Untertageverrohrung zuzüglich weiterer Größen. Die Formeln zur Lösung der Fragestellungen in den Aufgaben 47 und 48 sind in Tabelle 9.4 zu finden.

Tabelle 9.4 Formeln zur Bestimmung der Betriebsparameter einer Speicherkaverne

Größe	Einheit	Formeln
Der primäre Gebirgsdruck	MPa	$\sigma_p = g\sum_{i=1}^{n}\varrho_i\,\Delta h_i$
Der zulässige maximale Gasdruckgradient im Bereich des Kavernendaches	bar/m	$G = \frac{\sigma_p}{hS}$
Der maximal zulässige Kaverneninnendruck	bar	$p_{max} = G\,h_{RS}$

Größe	Einheit	Formeln
Die Gebirgstemperatur 1)	K	$T = 283{,}15\,K + \Delta h_{\mathrm{DG}}\,\Delta T_{\mathrm{DG}} + \Delta h_{\mathrm{SG}}\,\Delta T_{\mathrm{SG}}$
Der maximale Speicherinhalt	m³	$V_{\mathrm{n(max)}} = V_{\mathrm{geom}} \dfrac{p_{\max}}{p_{\mathrm{n}}} \dfrac{T_{\mathrm{n}}}{T} \dfrac{z_{\mathrm{n}}}{z}$
Das Kissengasvolumen	m³	$V_{\mathrm{n,KGV}} = V_{\mathrm{geom}} \dfrac{p_{\min}}{p_{\mathrm{n}}} \dfrac{T_{\mathrm{n}}}{T} \dfrac{z_{\mathrm{n}}}{z}$
Das Arbeitsgasvolumen	m³	$V_{\mathrm{n,AGV}} = V_{\mathrm{n(max)}} - V_{\mathrm{n,KGV}}$

Anmerkungen: 1) im Deckgebirge (DG) $\Delta T_{\mathrm{DG}} = 0{,}04\ \mathrm{K/m}$ und im Salzgebirge (SG) $\Delta T_{\mathrm{SG}} = 0{,}02\ \mathrm{K/m}$

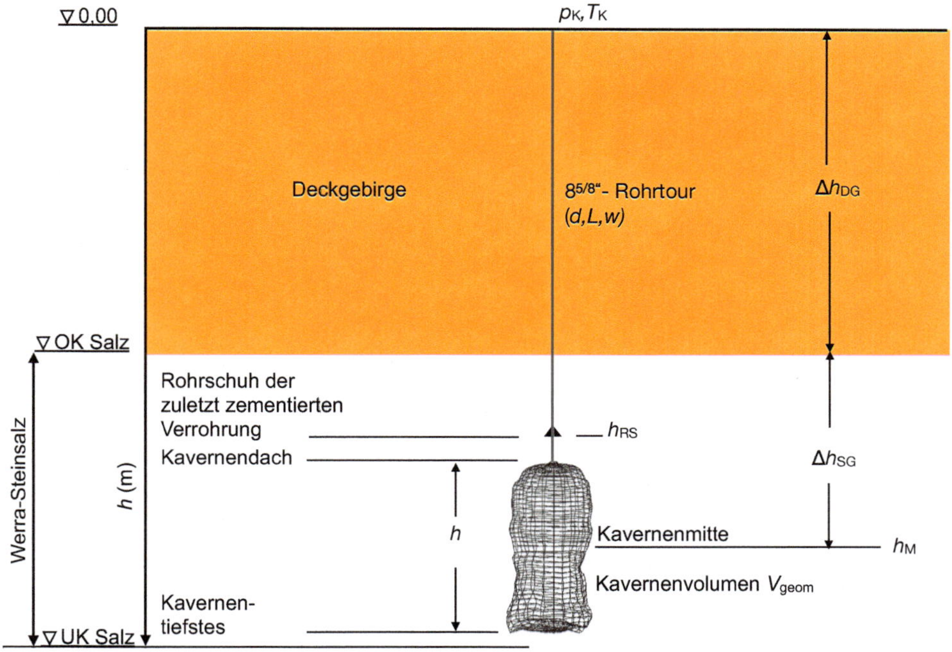

Bild 9.3 Prinzipskizze einer soltechnisch erstellten Kaverne für die Wasserstoffspeicherung

Aufgabe 47

In einer Salzkaverne nach Bild 9.3 mit einem geometrischen Kavernenvolumen $V_{\mathrm{geom}} = 260000\ \mathrm{m}^3$ wird Wasserstoff gespeichert. Die Oberkante des Salzes liegt bei einer Teufe von 1000 m. In der vertikalen Teufe des Kavernendaches bei 1240 m kann ein primärer Spannungszustand im Bereich des Kavernendaches $\sigma_{\mathrm{p}} = 28{,}9\ \mathrm{MPa}$ angenommen werden.

Der Temperaturgradient im Deckgebirge (DG) ist $\Delta T_{\mathrm{DG}} = 0{,}04\ \mathrm{K/m}$ und im Salzgebirge (SG) $\Delta T_{\mathrm{SG}} = 0{,}02\ \mathrm{K/m}$.

Die weiteren Kavernendaten sind:

Tabelle 9.5 Kavernendaten

Kavernenhöhe	Rohrschuh	min. Kavernendruck		max. Kavernendruck	
h	h_{RS}	p_{min}	z	p_{max}	z
m	m	bar_a	-	bar_a	-
100	1220	51	1,0289	230	1,1320

Bestimmt werden sollen:

1. der maximale Gasdruckgradient G,
2. der Sicherheitsbeiwert S,
3. die Temperatur T im ungestörten Gebirge in vertikaler Teufe der Kavernenmitte,
4. der gesamte Speicherinhalt $V_{n(max)}$,
5. das Kissengasvolumen $V_{n,KGV}$ und
6. das Arbeitsgasvolumen der Kaverne $V_{n,AGV}$.

Die Ergebnisse sind bis auf maximal drei Dezimalstellen zu runden.

Die Lösungen sind im Abschnitt 11.8 zu finden.

Auch im Vergleich zur Erdgasspeicherung ist es im Fall der Wasserstoffspeicherung in Salzkavernen von Interesse, den Unterschied zwischen dem Druck in der Kaverne p am Eintritt in den Förderstrang (Rohrschuh in Bild 9.3) zum Druck am Kopf der Verrohrung p_K an der Geländeoberkante zu kennen.

Im Erdgasspeicherbetrieb ist der Druck am Rohrschuh bei einer 1000 m tief gelegenen Kaverne etwa 10 % höher als der Kopfdruck und kann exakt in der Regel nur mit computergestützten Rechenverfahren ermittelt werden. Der Druckverlauf am Rohrschuh muss jährlich der Überwachungsbehörde zur Kontrolle vorgelegt werden. Der Kavernenbetreiber hat nachzuweisen, dass er die ihm in der Betriebsplanzulassung vorgegebenen Grenzen für den Druckverlauf eingehalten hat.

Hinweis

Weitere Auskünfte über den thematischen Zusammenhang finden Sie im Buch *Wasserstofftechnik* im Abschnitt 9.1.7 (Die obertägigen Speicheranlagen).

In der nachfolgenden Aufgabe 48 soll für die Wasserstoffspeicherung in einer Salzkaverne der Druckunterschied zwischen dem Druck am Rohrschuh und dem Kavernenkopfdruck nach den Formeln in Tabelle 9.6 berechnet werden.

Tabelle 9.6 Formeln zur Bestimmung des Druckverlustes in der Förderrohrtour einer Speicherkaverne im Steinsalz nach S. Förster et al.

Größe	Einheit	Formel
Druck am Rohrschuh	bar	$p^2 = p_K^2 e^{2s} + \theta \dot{V}_0^2 sign \dot{V}_0$
Charakterisierung des Betriebsfalls Ausspeicherung $\dot{V}_0 > 0$ 1)	-	$sign \dot{V}_0 = +1$
Charakterisierung des Betriebsfalls Einspeicherung $\dot{V}_0 < 0$	-	$sign \dot{V}_0 = -1$
Beiwert 2)	-	$s = 0{,}03415 \frac{L d_n}{T_m z_m}$
Relative Dichte 3)	-	$d_n = \frac{\varrho_{n_{H_2}}}{\varrho_{n_{Luft}}}$
Mittlere Temperatur des Wasserstoffs in der Verrohrung	K	$T_m = \frac{T + T_K}{2}$
Realgaszahl des Wasserstoffs in der Verrohrungsmitte 4)	-	$z_m = \frac{z + z_K}{2}$
Beiwert θ 5) 6)	$Pa^2 s^2 / m^6$	$\theta = 1{,}137 \cdot 10^4 \cdot \frac{\lambda T_m^2 z_m^2 \left(e^{2s} - 1\right)}{d^5}$

Anmerkungen: 1) Der Volumenstrom $\dot{V}_0$ ist gleichbedeutend mit dem Volumenstrom $\dot{V}_n$ im Normzustand; 2) Die Konstante 0,03415 hat die Einheit K/m; 3) Die Dichten im Normzustand sind in Tabelle 2.1 im Abschnitt 2.1 zu finden.; 4) Die Realgaszahl z_m ist in Aufgabe 48 vorgegeben. Sie kann bei Bedarf mit Unterstützung der Formeln im Abschnitt 2.1.2 berechnet werden; 5) Die Konstante $1{,}137 \cdot 10^4$ hat die Einheit $Pa^2 s^2/(K^2 m)$; 6) Die Rohrreibungszahl ist in Aufgabe 48 vorgegeben. Sie kann bei Bedarf nach den Formeln in Tabelle 6.2 im Abschnitt 6.1 im *Buch Wasserstofftechnik* bestimmt werden.

Aufgabe 48

In eine Speicherkaverne für Wasserstoff wird ein Volumenstrom $\dot{V}_n = \dot{V}_0 = 41400\ m^3/h$ eingespeichert. Der Kavernendruck beträgt zu Beginn der Einspeicherung $p = 140{,}14\ bar_{ü}$. Eine rechnergestützte Temperaturberechnung führt zu einer Kavernentemperatur $T = 325{,}76$ K. Die Temperaturmessung am Kopf der Verrohrung zeigt eine Temperatur $T_K = 298{,}15$ K. Da zu diesem Zeitpunkt die Druckmessung am Kopf der Verrohrung ausfällt, soll der Druckunterschied zwischen Kopf der Verrohrung und Rohrschuh der Bohrlochverrohrung rechnerisch ermittelt werden.

Die vertikale $8\,^5\!/_8$"-Gasfördertour hat einen Innendurchmesser von $d = 193{,}7$ mm und eine Länge von $L = 1276$ m. Die Geschwindigkeit des Gases in der Förderrohrtour ist $w = 3{,}61$ m/s. Die Reynoldszahl ist $Re = 8 \cdot 10^5$ und die Rohrreibungszahl $\lambda = 0{,}017$. Für die Realgaszahl des Wasserstoffs in der Rohrtourmitte wird $z_m = 1{,}082$ angenommen.

Konkret sollen folgende Fragen rechnerisch beantwortet werden:

1. Welcher Druck am Kopf der Verrohrung p_K stellt sich ein und
2. wie groß ist der Druckunterschied Δp zwischen Kopf der Verrohrung und Rohrschuh?

Die Ergebnisse sind auf zwei Dezimalstellen zu runden.

Die Lösungen sind im Abschnitt 11.8 zu finden.

9.3 Wasserstoff in Metallhydriden

Die Speicherung von Wasserstoff in der kristallinen Struktur von Metallen, die Metallhydridspeicherung, ist seit vielen Jahren Gegenstand der industriellen Forschung. Aufgabe 49 behandelt die Fragen nach den gravimetrischen und volumetrischen Energiedichten, die bei der Metallhydridspeicherung erreicht werden.

Hinweis

Weitere Auskünfte über den thematischen Zusammenhang finden Sie im Buch *Wasserstofftechnik* im Abschnitt 9.5 (Stoffliche Wasserstoffspeicher).

Aufgabe 49

Die gravimetrische Speicherdichte v' von Metallhydridspeichern wird mit 1,5 kg H_2 je 100 kg Speichermasse angenommen.

F. Heubner et al. geben die volumetrische Speicherdichte v'' mit 150 kg H_2 je m^3 Speichervolumen an.

Die Dichte des Wasserstoffs im Normzustand ist in Tabelle 2.1 im Abschnitt 2.1 und Brennwert und Heizwert des Wasserstoffs im Normzustand sind in Tabelle 4.1 im Abschnitt 4.1 zu finden.

Es sollen die genannten Größen v' und v''

1. in die gravimetrischen Energiedichten $w_{g,s}$ und $w_{g,i}$ und
2. in die volumetrischen Energiedichten $w_{v,s}$ und $w_{v,i}$

umgerechnet werden.

Die Ergebnisse sind auf zwei Dezimalstellen zu runden.

Die Lösungen sind im Abschnitt 11.8 zu finden.

10 Wasserstoffanwendungen

In den Aufgaben 50 bis 56 werden unterschiedliche Fragestellungen aus dem Bereich der Wasserstoffanwendung behandelt. Dabei werden Formeln und Tabellen aus anderen Abschnitten des Buches herangezogen.

10.1 Wasserstoff und die Ammoniaksynthese

In Aufgabe 50 wird die Frage nach dem Wasserstoffverbrauch je kg Ammoniak aus der Haber-Bosch-Synthese gestellt.

Die Reaktionsgleichung ist

$$N_2 + 3H_2 \rightarrow 2NH_3 \qquad \text{Formel 10.1}$$

Hinweis

Weitere Auskünfte über den thematischen Zusammenhang finden Sie im Buch *Wasserstofftechnik* im Abschnitt 10.1.2 (Wasserstoff als Teil der Ammoniaksynthese).

Aufgabe 50

Bestimmen Sie bei einem Umsetzungsgrad der Reaktion zur Ammoniaksynthese von 1,0

1. die Masse Wasserstoff (1) in kg H_2 bezogen auf das Edukt Stickstoff (2) in kg N_2 und
2. auf die produzierte Masse Ammoniak (3) in kg NH_3.

Die molaren Massen von Stickstoff und Wasserstoff können Tabelle 2.1 im Abschnitt 2.1 entnommen werden. Die molare Masse für NH_3 ist zu berechnen.

Die Ergebnisse sind jeweils auf drei Dezimalstellen zu runden.

Die Lösungen sind im Abschnitt 11.9 zu finden.

10.2 Wasserstoff und synthetisches Methan

Wasserstoff kann mit Kohlendioxid zu synthetischem Methan reagieren und so für die industrielle Verwertung dieses Treibhausgases sorgen. Die chemische Reaktion nach einem Verfahren von Paul Sabatier (1902) ist

$$CO_2 + 4H_2 \rightarrow CH_4 + 2H_2O \qquad \text{Formel 10.2}$$

Hinweis

Weitere Auskünfte über den thematischen Zusammenhang finden Sie im Buch *Wasserstofftechnik* im Abschnitt 10.4 (Wasserstoff zur Umwandlung von Treibhausgasen).

In Aufgabe 51 wird die hierbei anfallende Reaktionsenthalpie berechnet.

Aufgabe 51

Bei der Methanisierung nach dem Sabatier-Verfahren gilt der Satz von Hess nach der Formel 2.40 im Abschnitt 2.5. Die Standardbildungsenthalpien der an der Reaktion beteiligten Produkte und Edukte sind in Tabelle 2.16 im Abschnitt 2.5 zu finden.

Die Reaktionsenthalpie $\Delta_R h$ der Methanisierungs-Reaktion nach Paul Sabatier mit den Edukten CO_2 und H_2 und den Produkten CH_4 und dampfförmigem Wasser $H_2O(g)$ soll für den Standardzustand als $\Delta_R h^\ominus$ bestimmt werden.

Die Ergebnisse sind jeweils auf zwei Dezimalstellen zu runden.

Die Lösungen sind im Abschnitt 11.9 zu finden.

Bild 10.1 zeigt die Mengen m in einer komplexen Anlage zur

1. Biogasaufbereitung und CO_2-Abtrennung,
2. Wasserstofferzeugung in einer Elektrolyseanlage,
3. Methanisierung mit dem Sabatier-Verfahren und zur
4. Methanverflüssigung.

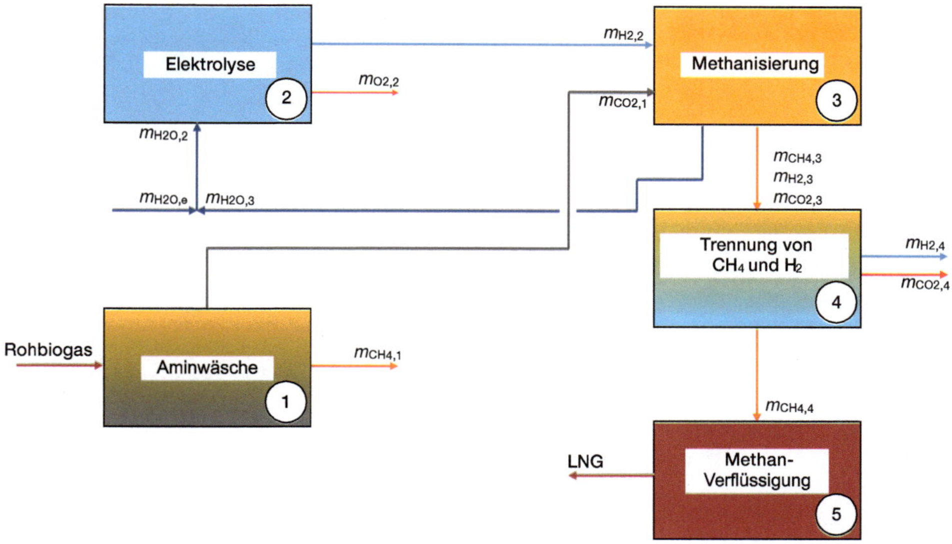

Bild 10.1 Mengen in einem komplexen Prozess aus Biogasaufbereitung, Elektrolyse, Methanisierung und Gasverflüssigung

Aufgabe 52 behandelt das Verhältnis der in Bild 10.1 dargestellten Mengen zueinander.

Aufgabe 52

Kohlendioxid aus einer Gaswäsche soll in einem Reaktor mit Wasserstoff aus der Elektrolyse zu synthetischem Methan reagieren. Ausgehend von den Reaktionsgleichung für die Wasserelektrolyse in Formel 5.4 im Abschnitt 5.2.1 und der Formel 10.2 im Abschnitt 10.2 für die Methanisierungsreaktion nach dem Sabatier-Verfahren sollen die Verhältnisse der in Bild 10.1 dargestellten Massen zueinander bestimmt werden.

Tabelle 10.1 listet die einzelnen Prozessschritte *j* und die Massen $m_{i,j}$ der beteiligten Stoffe *i* auf.

Tabelle 10.1 Stoffmengen nach Bild 10.1

Nr.	Prozess	Eingang		Ausgang	
		Fluid	Masse	Fluid	Masse
1	Aminwäsche	Rohbiogas		Methan	$m_{CH_4,1}$
				Kohlendioxid	$m_{CO_2,1}$
2	Elektrolyse	Wasser aus dem Netz nach Entsalzung in der Wasseraufbereitung 1)	$m_{H_2O,e}$ 2)	Wasserstoff	$m_{H_2,2}$
		Rückstrom aus der Methanisierung	$m_{H_2O,3}$	Sauerstoff	$m_{O_2,2}$

Tabelle 10.1 Stoffmengen nach Bild 10.1 *(Fortsetzung)*

Nr.	Prozess	Eingang		Ausgang	
3	Methanisierung	Wasserstoff	$m_{H_2,2}$	Wasser	$m_{H_2O,3}$
		Kohlendioxid	$m_{CO_2,1}$	Mischgas aus Methan, Wasserstoff und Kohlendioxid	$m_{CH_4,3}$
					$m_{H_2,3}$
					$m_{CO_2,3}$
4	Adsorptive Trennung	Mischgas aus Methan, Wasserstoff und Kohlendioxid	$m_{CH_4,3}$	Methan	$m_{CH_4,4}$
			$m_{H_2,3}$	Wasserstoff 3)	$m_{H_2,4}$
			$m_{CO_2,3}$	Kohlendioxid 3)	$m_{CO_2,4}$
5	Methan-Verflüssigung	Methan (gasförmig)	$m_{CH_4,4}$	Methan (flüssig)	LNG

Anmerkungen: 1) nach Bild 5.5 im Abschnitt 5.2.1; 2) Index e bedeutet entsalzt; 3) Die Stoffmengen Wasserstoff $m_{H_2,4}$ und Kohlendioxid $m_{CO_2,4}$ werden in der Praxis wieder in die Methanisierung zurückgeführt. Diese Rückführungsmengen sollen in der Lösung vernachlässigt werden.

Folgende Mengenverhältnisse sollen nach Tabelle 10.2 bestimmt werden:

Tabelle 10.2 Zielgrößen der Berechnung in Aufgabe 52

Methanisierung	Einheit
$m_{CH_4,3} / m_{CO_2,1}$	kg CH_4/(kg CO_2)
$m_{CH_4,3} / m_{H_2,2}$	kg CH_4/(kg H_2)
$m_{CO_2,1} / m_{H_2,2}$	kg CO_2/(kg H_2)
$m_{H_2O,3} / m_{CH_4,3}$	kg H_2O/(kg CH_4)
$m_{H_2O,3} / m_{H_2,2}$	kg H_2O/(kg H_2)
Elektrolyse	**Einheit**
$m_{O_2,2} / m_{H_2,2}$	kg O_2/(kg H_2)
VE-Wasserversorgung des Elektrolyseurs	**Einheit**
$m_{H_2O,2} / m_{H_2,2}$	kg H_2O/(kg H_2)
$m_{H_2O,2} / m_{H_2O,3}$	-
$m_{H_2O,e} / m_{H_2O,3}$	-

Die Ergebnisse sind jeweils auf drei Dezimalstellen zu runden.

Die Lösungen sind im Abschnitt 11.9 zu finden.

Eine Erweiterung der Aufgabe 52 um die konkrete Berechnung von Massen und Volumina für den in Bild 10.1 dargestellten Prozessablauf ist die Aufgabenstellung 53.

Aufgabe 53

Nach dem vereinfachten Fließbild in Bild 10.1 produziert eine Biogasanlage einen Rohbiogasstrom $\dot{V}_{n,RBG}$ von 1000 m³/h. Die molaren Anteile von Methan und Kohlendioxid im Rohbiogasstrom sind jeweils 50 mol-%. In der nachgeschalteten Aminwäsche werden die Kohlendioxidanteile zu 95 Vol-% abgeschieden und danach einem Methanisierungsprozess nach dem Sabatier-Verfahren zur Verfügung gestellt. Die erforderlichen Wasserstoffmengen stammen aus einer Elektrolyseanlage.

Die stoffspezifischen Daten wie Dichte und Brennwert im Normzustand sind in Tabelle 2.1 im Abschnitt 2.1 und in Tabelle 4.1 im Abschnitt 4.1 zu finden. Die Dichte von VE-Wasser wird mit $\varrho_{H_2O} = 1000 \text{ kg} / \text{m}^3$ und die Dichte von flüssigem LNG (CH_4) bei einer Temperatur von −161,5 °C wird mit $\varrho_{LNG} = 421{,}17 \text{ kg} / \text{m}^3$ angenommen. Es wird vereinfacht unterstellt, dass $\dot{m}_{H_2,3} = 0$ und $\dot{m}_{CO_2,3} = 0$.

Die Massenrelationen für die einzelnen Prozessschritte sind der Lösung von Aufgabe 52 im Abschnitt 11.9 zu entnehmen.

1. Gesucht sind die Massenströme $\dot{m}_{i,j}$ aus dem Fließdiagramm;
2. gesucht sind außerdem die daraus resultierenden Volumenströme $\dot{V}_{n,i,j}$ für die Methanisierung, für die Elektrolyse und für die Verflüssigung einschließlich der stündlichen LNG-Mengen $\dot{V}_{LNG}$ in Liter je Stunde;
3. gefragt ist auch die erforderliche elektrische Anschlussleistung des Elektrolyseurs P_{el} bei einem Wirkungsgrad von $\eta_{EL} = 0{,}72$;
4. auf welchen Wert muss die elektrische Leistung des Elektrolyseus P_{el} angehoben werden, wenn eine jährliche Degradation von 1 %/a auch nach 10 Jahren noch kompensiert werden soll?

Zusammengefasst sollen folgende in Tabelle 10.3 aufgelisteten Prozessgrößen ermittelt werden:

Tabelle 10.3 Zu bestimmende Prozessgrößen in Aufgabe 53

Aminwäsche	Bezeichnung	Einheit
Kohlendioxid aus Rohbiogasstrom	$\dot{m}_{CH_4,1}$	kg/h
	$\dot{V}_{CH_4,1}$	m³/h

Tabelle 10.3 Zu bestimmende Prozessgrößen in Aufgabe 53 *(Fortsetzung)*

Methanisierung	Bezeichnung	Einheit
Ertrag an synthetischem Methan	$\dot{m}_{CH_4,3}$	kg/h
	$\dot{V}_{CH_4,3}$	m³/h
Wasserstoffbedarf aus der Elektrolyse	$\dot{m}_{H_2,2}$	kg/h
	$\dot{V}_{H_2,2}$	m³/h
Anfall an Wasser	$\dot{m}_{H_2O,3}$	kg/h
	$\dot{V}_{H_2O,3}$	m³/h
Elektrolyse	**Bezeichnung**	**Einheit**
Sauerstoffertrag der Elektrolyse 1)	$\dot{m}_{O_2,2}$	kg/h
	$\dot{V}_{O_2,2}$	m³/h
Elektrischer Mindest-Leistungsbedarf 2)	P_{el}	MW
Elektrischer Mindest-Leistungsbedarf 3)	P_{el}^*	MW
VE-Wasserbedarf	$\dot{m}_{H_2O,2}$	kg/h
	$\dot{V}_{H_2O,2}$	m³/h
Gasverflüssigung	**Bezeichnung**	**Einheit**
Ertrag aus Verflüssigung	$\dot{m}_{LNG}$	kg/h
	$\dot{V}_{LNG}$	m³/h

Anmerkungen: 1) Der Wasserstoffertrag ist im Prozessschritt Methanisierung aufgeführt; 2) ohne Berücksichtigung der Zelldegradation; 3) unter Berücksichtigung einer Zelldegradation von 1 %/a über 10 Betriebsjahre

Die Ergebnisse sind jeweils auf zwei Dezimalstellen zu runden.

Die Lösungen sind im Abschnitt 11.9 zu finden.

Hinweis

Weitere Auskünfte über den thematischen Zusammenhang finden Sie im Buch *Wasserstofftechnik* in den Aussagen über die Zelldegradation im Abschnitt 5.26 (Die Hochtemperaturelektrolyse).

10.3 Wasserstoff in lokalen Verteilnetzen

Der Wasserstoff wird zukünftig in einer funktionierenden Wasserstoffwirtschaft über örtliche Verteilnetze zu Industrie- und Gewerbekunden, zu Brennstoffzellen für Strom- und Wärmeerzeugung und bei der Verwendung im Verkehrssektor zu Tankstellen transportiert. Dabei ist es volkswirtschaftlich geboten, so weit wie möglich die bestehende Gasinfrastruktur zu nutzen. Hierzu gehören auch HDPE-Rohrleitungen, wie in Bild 10.2 zu sehen.

Bild 10.2 HDPE-Rohre vor der Verlegung in einem Gasverteilnetz

Es werden sowohl Anforderungen an die Einhaltung von Sicherheitskriterien als auch an die Reinheit des Wasserstoffs gestellt. Die Odorierung des Gases in den lokalen Verteilnetzen nach der schematischen Darstellung in Bild 10.3 beeinflusst die Zusammensetzung des Gases. In den Aufgaben 54 bis 56 wird der Frage nachgegangen, welchen Einfluss eine Odorierung auf die Reinheit des lokal verteilten Wasserstoffgases hat.

Hinweis

Weitere Auskünfte über den thematischen Zusammenhang finden Sie im Buch *Wasserstofftechnik* im Abschnitt 6.6 (Die Odorierung des Wasserstoffs) und im Abschnitt 10.5.2 (Der Einfluss der Odorierung auf die Wasserstoffreinheit).

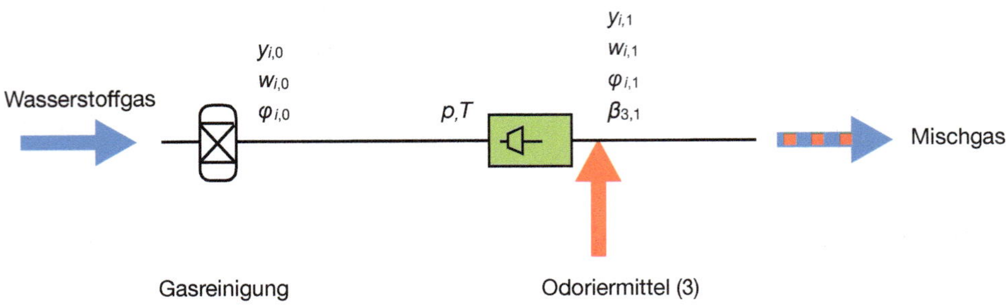

Bild 10.3 Schema der Anteile von Komponenten im Wasserstoffgas vor und hinter der Odorierung

Zunächst sollen in Aufgabe 54 die Massenanteile, Volumenanteile und Stoffmengenanteile vor der Odorierung festgestellt werden.

Aufgabe 54

Nach der Reinigung in einem katalytischen Membranverfahren wie in Bild 10.3 ist die Reinheit eines Wasserstoffgases 5.0. Der Zustand des Systems nach der Wasserstoffreinigung ist mit dem Index 0 gekennzeichnet.

Der Betriebsdruck p beträgt 700 mbar und die Temperatur T ist 285,15 K. Für die Realgaszahlen wird angenommen $z_1 = 1{,}0006$ und $z_2 = 0{,}9981$. Der Umgebungsdruck ist p_0 = 1 bar.

Es gelten die Regeln in Tabelle 2.5 im Abschnitt 2.1.6.

Es sind die

1. die Stoffmengenanteile $y_{i,0}$,
2. die Massenanteile $w_{i,0}$ und
3. die Volumenanteile $\varphi_{i,0}$

der Komponenten Wasserstoff (1) und Sauerstoff (2) zu bestimmen.

Die Ergebnisse sind jeweils auf fünf Dezimalstellen anzugeben.

Die Lösungen sind im Abschnitt 11.9 zu finden.

Diese in Aufgabe 54 berechneten Anteile werden sich durch die Zudosierung eines Odoriermittels verändern. Aufgabe 55 beschäftigt sich mit diesem Thema.

Aufgabe 55

Die Aufgabenstellung knüpft an das Ergebnis der Aufgabe 54 an. Dem Wasserstoffgas, dessen Zusammensetzung vor der Odorierung in der Aufgabenlösung 54 im Abschnitt 11.9 zu finden ist, wird hinter einer Messanlage unter den aus der Aufgabenstellung 54 bekannten Betriebsbedingungen das Odoriermittel Gasodor S- Free zudosiert.

Vom Odoriermittel sind folgende Daten bekannt.

Tabelle 10.4 Stoffwerte und des Odoriermittels und Zudosierkonzentration

Größe	Einheit	Wert
Molare Masse M_3	kg/kmol	94,91
Dichte ϱ_3	kg/m³	933,5
Zudosierkonzentration $\beta_{3,n}$	mg/(m³ Wasserstoffgas) 1)	20

Anmerkungen: 1) Die Konzentration bezieht sich auf das Volumen des Wasserstoffgases im Normzustand

Der Zustand des Systems ist vor der Odorierung mit dem Index 0 und nach der Odorierung mit dem Index 1 gekennzeichnet.

Es sind

1. die Massenanteile w und
2. die Stoffmengenanteile y

der Mischgaskomponenten Wasserstoff (1), Sauerstoff (2) und Gasodor S- Free (3) nach der Odorierung zu berechnen.

Hinweis zur Berechnung: Die Berechnung bezieht sich auf ein Volumen im Normzustand von $V_n = 1\,\text{m}^3$.

Es gelten die Regeln in Tabelle 2.5 und in Tabelle 2.6 im Abschnitt 2.1.6.

Die Ergebnisse sind jeweils auf fünf Dezimalstellen anzugeben.

Die Lösungen sind im Abschnitt 11.9 zu finden.

Die Aufgabe 56 folgt in ihrer Aufgabenstellung der Aufgabe 55. Im Mittelpunkt steht die Umrechnung der Massenkonzentration in andere Einheiten. Dabei soll die Größe unter anderem in molare und volumetrische Konzentration und zusätzlich auf den Betriebszustand umgerechnet werden.

Aufgabe 56

Die Aufgabenstellung knüpft an das Ergebnis der Aufgabe 55 an. Die Betriebsbedingungen, unter denen die Odorierung stattfindet, sind weiterhin ein Betriebsdruck p von 700 mbar und eine Temperatur T von 285,15 K. Der jährliche Wasserstoffvolumenstrom beträgt $\dot{V}_n = 52000\ \text{m}^3/\text{a}$. Das Odoriermittel Gasodor S- Free wird in einer Massenkonzentration von $\beta_{3,n} = 20\ \text{mg}/\text{m}^3$ bezogen auf den Normzustand zudosiert.

Es sollen

1. die Stoffmengenkonzentration c,
2. die Volumenkonzentration σ des Odoriermittels im Normzustand,
3. die Massenkonzentration im Betriebszustand $\beta_{3,1}$ und
4. die jährlich dem Wasserstoffstrom zugegebene Masse an Odoriermittel in kg/a

bestimmt werden.

Es gelten die Regeln in Tabelle 2.6 und in Tabelle 2.7 im Abschnitt 2.1.6.

Die Ergebnisse sind jeweils auf zwei Dezimalstellen anzugeben.

Die Lösungen sind im Abschnitt 11.9 zu finden.

11 Lösungen zu allen Aufgabenstellungen

In den nachfolgenden Abschnitten sind die ausgearbeiteten Lösungen zu allen vorgegebenen Aufgabenstellungen zu finden.

11.1 Die Eigenschaften des Wasserstoffs

In diesem Abschnitt werden die Aufgaben 1 bis 21 behandelt.

In Aufgabe 1 geht es um die ideale Zustandsänderung in einem Wasserstoffbehälter.

Aufgabe 1

Spezifische Größen sind Tabelle 2.1 im Abschnitt 2.1 zu entnehmen. Die verwendeten Formeln sind im Abschnitt 2.1.1 zu finden.

Die Masse

Die Masse m wird mithilfe der Formeln 2.1 bis 2.4 berechnet. Der Betriebsdruck p_1 wird als Absolutdruck in der Einheit Pascal (Pa) eingesetzt. Die Temperatur T_1 wird in der Einheit Kelvin verwendet. Die Einheiten Pa und J werden nach den Vorgaben von Anhang B umgerechnet.

$$m = \frac{p_1 V_1}{R T_1}$$

$$m = \frac{5 \cdot 10^5 \text{kg} / \left(\text{m s}^2\right) 25 \text{ m}^3}{4124{,}5 \text{ kg m}^2 / \left(\text{s}^2 \text{ kg K}\right) 318{,}15 \text{ K}}$$

$$m = 9{,}53 \text{ kg}$$

Die Stoffmenge

Die Stoffmenge n wird mit der Formel 2.6 ermittelt. Die molare Masse ist in Tabelle 2.1 zu finden.

$$n = \frac{m}{M}$$

$$n = \frac{9{,}53\ \text{kg}}{2{,}0158\ \text{kg}/\text{kmol}}$$

$$n = 4{,}73\ \text{kmol}$$

Der Druck

Der gesuchte Druck p_2 nach Wärmezufuhr wird mithilfe der Formel 2.1 gefunden. Die Zustandsänderung ist isochor.

$$p_2 = \frac{mRT_2}{V_2} = \frac{mRT_2}{V_1}$$

$$p_2 = \frac{9{,}53\ \text{kg}\ 4124{,}5\ \text{kg m}^2/\left(\text{s}^2\ \text{kg K}\right)338{,}15\ \text{K}}{25\ \text{m}^3}$$

$$p_2 = 5{,}32 \cdot 10^5\ \text{Pa} = 5{,}32\ \text{bar}_\text{a}$$

In den Aufgaben 2 und 3 geht es um das reale Gasverhalten des Wasserstoffs und um die Unterschiede zu einem Kohlenwasserstoff wie Methan.

Aufgabe 2

Die stoffspezifischen Größen sind Tabelle 2.1 im Abschnitt 2.1 und Tabelle 2.2 im Abschnitt 2.1.2 zu entnehmen. Die verwendeten Gleichungen findet man in den Abschnitten 2.1.1 und 2.1.2.

Die Realgaszahl des Wasserstoffs

Zunächst wird das spezifische Volumen v mithilfe der Formel 2.5 und der Formel 2.14 bestimmt.

$$v = \frac{RT}{p}$$

Das spezifische Volumen des Wasserstoffs:

$$v = \frac{4124{,}5\ \text{kg m}^2/\left(\text{s}^2\ \text{kg K}\right)353{,}15\ \text{K}}{5{,}1 \cdot 10^6\ \text{kg}/\left(\text{m s}^2\right)} = 0{,}29\ \text{m}^3/\text{kg}$$

Das spezifische Volumen des Methans:

$$v = \frac{518{,}26\ \text{kg m}^2/\left(\text{s}^2\ \text{kg K}\right)353{,}15\ \text{K}}{5{,}1 \cdot 10^6\ \text{kg}/\left(\text{m s}^2\right)} = 0{,}04\ \text{m}^3/\text{kg}$$

Dann wird die reduzierte Temperatur T_r mit der Formel 2.13 gesucht.

$$T_r = \frac{T}{T_c}$$

Die reduzierte Temperatur des Wasserstoffs:

$$T_r = \frac{353{,}15\ \mathrm{K}}{33{,}19\ \mathrm{K}} = 10{,}64$$

Die reduzierte Temperatur des Methans:

$$T_r = \frac{353{,}15\ \mathrm{K}}{190{,}56\ \mathrm{K}} = 1{,}85$$

Mit den Formeln 2.10, 2.11 und 2.12 kann jetzt die Realgaszahl z berechnet werden.

Die Realgaszahl des Wasserstoffs:

$$\alpha(T) = \left[1 + m\left(1 - \sqrt{T_r}\right)\right]^2 = \left[1 + 0{,}0289\left(1 - \sqrt{10{,}64}\right)\right]^2 = 0{,}87$$

$$a(T) = a_c \alpha(T) = 6515{,}92\,\mathrm{m}^5 / (\mathrm{s}^2\mathrm{kg})\ 0{,}87 = 5668{,}85\ \mathrm{m}^5 / (\mathrm{s}^2\mathrm{kg})$$

$$z = \frac{v}{v - b} - \frac{a(T)}{\left(\mathrm{v} + 2b - \mathrm{b}^2 / v\right) RT}$$

$$z = \frac{0{,}29\,\mathrm{m}^3 / \mathrm{kg}}{0{,}2819\,\mathrm{m}^3 / \mathrm{kg}} - \frac{5668{,}85\,\mathrm{m}^5 / (\mathrm{s}^2\mathrm{kg})}{0{,}3060\ \mathrm{m}^3 / \mathrm{kg}\ 4124{,}5\ \mathrm{kg\,m}^2 / \left(\mathrm{s}^2\ \mathrm{kg\,K}\right) 353{,}15\ \mathrm{K}}$$

$$z = 1{,}0160$$

Die Realgaszahl des Methans:

$$\alpha(T) = \left[1 + m\left(1 - \sqrt{T_r}\right)\right]^2 = \left[1 + 0{,}3931\left(1 - \sqrt{1{,}85}\right)\right]^2 = 0{,}74$$

$$a(T) = a_c \alpha(T) = 969{,}87\,\mathrm{m}^5 / (\mathrm{s}^2\mathrm{kg})\ 0{,}74 = 717{,}70\ \mathrm{m}^5 / (\mathrm{s}^2\mathrm{kg})$$

$$z = \frac{0{,}04\,\mathrm{m}^3 / \mathrm{kg}}{0{,}0383\,\mathrm{m}^3 / \mathrm{kg}} - \frac{717{,}70\,\mathrm{m}^5 / (\mathrm{s}^2\mathrm{kg})}{0{,}0433\ \mathrm{m}^3 / \mathrm{kg}\ 518{,}26\ \mathrm{kg\,m}^2 / \left(\mathrm{s}^2\ \mathrm{kg\,K}\right) 353{,}15\ \mathrm{K}}$$

$$z = 0{,}9538$$

Aufgabe 3

Die stoffspezifischen Größen sind Tabelle 2.1 im Abschnitt 2.1 und Tabelle 2.2 im Abschnitt 2.1.2 zu entnehmen. Die verwendeten Gleichungen findet man in den Abschnitten 2.1.1 und 2.1.2.

Wasserstoff als Idealgas

Die ideale Lösung der Aufgabenstellung erfolgt mit Formel 2.5.

$$\varrho = \frac{p}{RT}$$

$$\varrho = \frac{5 \cdot 10^5 \text{ kg}/\left(\text{m s}^2\right)}{4124{,}5 \text{ kg m}^2/\left(\text{s}^2 \text{ kg K}\right) 298{,}15 \text{ K}} = 0{,}4066 \text{ kg}/\text{m}^3$$

Wasserstoff als Realgas

Die Berechnung erfolgt analog der Vorgehensweise in Aufgabe 2. Das spezifische Volumen wird mit der Hilfe von Formel 2.4 berechnet.

$$v = \frac{1}{\varrho}$$

$$v = \frac{1}{0{,}4066 \text{kg}/\text{m}^3} = 2{,}4594 \text{ m}^3/\text{kg}$$

$$T_r = \frac{T}{T_c} = \frac{298{,}15 \text{ K}}{33{,}19 \text{ K}} = 8{,}98$$

$$\alpha(T) = \left[1 + 0{,}0289\left(1 - \sqrt{8{,}98}\right)\right]^2 = 0{,}89$$

$$a(T) = a_c \alpha(T) = 6515{,}92 \text{m}^5/(\text{s}^2\text{kg})\ 0{,}89 = 5799{,}17 \text{ m}^5/(\text{s}^2\text{kg})$$

$$z = \frac{v}{v-b} - \frac{a(T)}{\left(v + 2b - b^2/v\right)RT}$$

$$z = \frac{2{,}4594 \text{m}^3/\text{kg}}{2{,}4513 \text{m}^3/\text{kg}} - \frac{5799{,}17 \text{m}^5/(\text{s}^2\text{kg})}{2{,}4756 \text{ m}^3/\text{kg}\ 4124{,}5 \text{ kg m}^2/\left(\text{s}^2 \text{ kg K}\right) 298{,}15 \text{ K}} = 1{,}0014$$

Die Dichte des Realgases Wasserstoff wird mit der Hilfe von Formel 2.9 berechnet:

$$\varrho = \frac{p}{zRT} = \frac{5 \cdot 10^5 \text{ kg}/\left(\text{m s}^2\right)}{1{,}0014 \cdot 4124{,}5 \text{ kg m}^2/\left(\text{s}^2 \text{ kg K}\right) 298{,}15 \text{ K}} = 0{,}4060 \text{ kg}/\text{m}^3$$

Vergleicht man das Ergebnis für die Realgasberechnung mit dem Ergebnis für die Idealgasberechnung, so ist das Fazit, dass in dem betrachteten Druck- und Temperaturbereich der Wasserstoff ohne Abstriche als Idealgas behandelt werden kann.

Bei höheren Betriebsdrücken und Temperaturen wird die Dichte im Realgaszustand von der Dichte im Idealgaszustand abweichen. Dann sollte das spezifische

Volumen iterativ in einer Rechenschleife mit der jeweils ermittelten Dichte im Realgaszustand so oft neu berechnet werden, bis die Änderungen der Dichte im Realgaszustand von Iterationsschritt zu Iterationsschritt hinreichend klein sind.

In Aufgabe 4 wird die spezifische isobare Wärmekapazität c_p ermittelt.

Aufgabe 4

Im *T,s*-Diagramm wird an die Isobare im Zustandspunkt ($T = 300\,\text{K}, p = 3\,\text{bar}_a$) die Tangente als gestrichelte Linie gezeichnet (Bild 11.1).

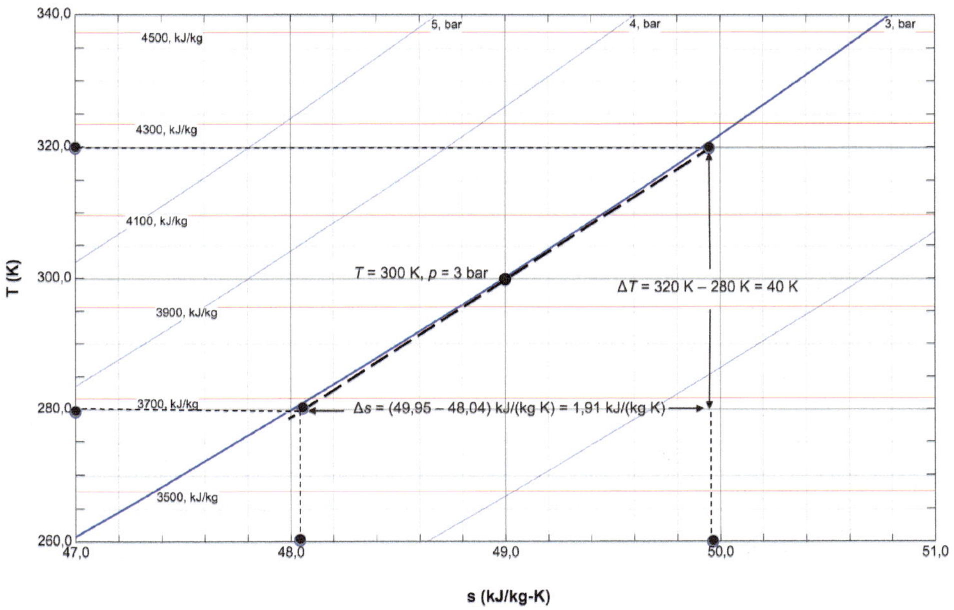

Bild 11.1 Grafische Ermittlung der spezifischen isobaren Wärmekapazität c_p

Für ein frei gewähltes Intervall ΔT auf der Ordinate wird die Differenz Δs auf der Abzisse abgelesen. Die spezifische isobare Wärmekapazität wird mit der Formel 2.15 im Abschnitt 2.1.3 bestimmt:

$$c_p = T\frac{\Delta s}{\Delta T} = 300\ \text{K}\frac{1{,}91\ \text{kJ}/(\text{kg K})}{40\ \text{K}} = 14{,}325\ \text{kJ}/(\text{kg K})$$

Eine Überprüfung mit REFPROP nach Lemmon et al. (2018) führt zu

$$c_p = 14{,}318\ \text{kJ}/(\text{kg K})$$

Der Umgang mit dem *h,s*-Diagramm für Wasserstoff und die Frage nach den Wirkungsgraden eines Verdichtungsprozesses stehen im Mittelpunkt der Aufgabe 5.

Aufgabe 5

Die verwendeten Formeln sind Abschnitt 2.1.4 entnommen.

Die Temperaturen des isentropen und realen Verdichtungsprozesses

Die Temperaturen T_2 und T_3 können dem *h,s*-Diagramm entnommen werden. Der jeweilige Druck im Diagramm ist ein Absolutdruck.

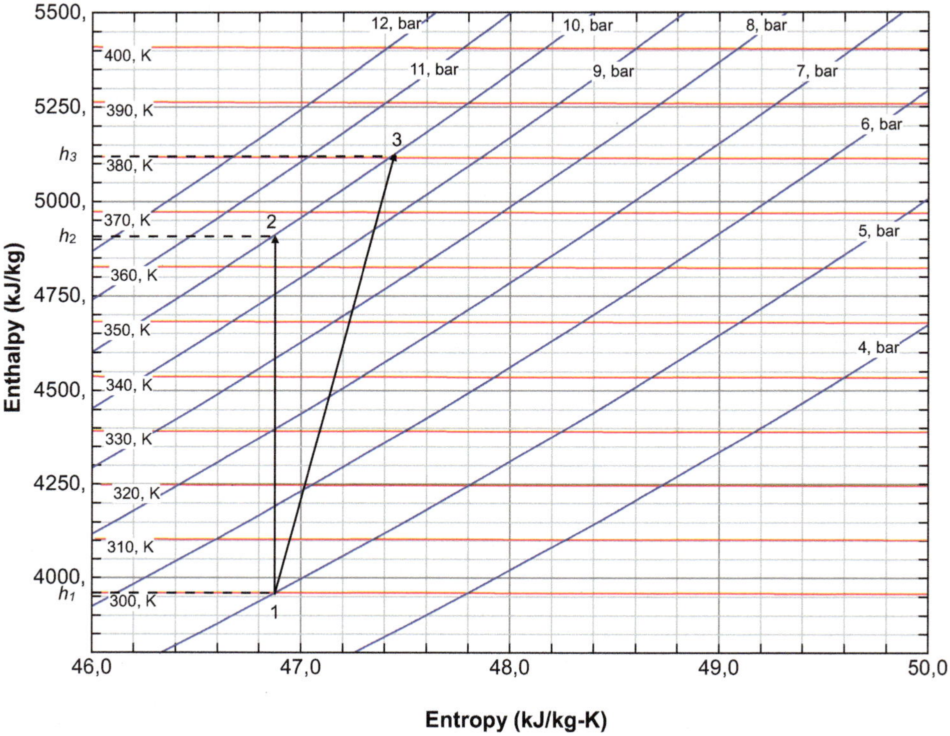

Bild 11.2 Isentroper und realer Verdichtungsprozess im *h,s*-Diagramm für Wasserstoff

$$T_2 = 366\,\text{K}; T_3 = 380\ \text{K}$$

Die Bestimmung der spezifischen isobaren Wärmekapazität mithilfe des *h,s*-Diagramms

Aus Formel 2.16 kann für eine mittlere spezifische isobare Wärmekapazität c_{p13} abgeleitet werden:

$$c_{p_{13}} = \frac{\Delta h_{13}}{\Delta T_{13}} = \frac{h_3 - h_1}{T_3 - T_1}$$

$$c_{p_{13}} = \frac{5120\ \text{kJ}/\text{kg} - 3965\ \text{kJ}/\text{kg}}{380\ \text{K} - 300\ \text{K}}$$

$$c_{p_{13}} = 14{,}44\,\text{kJ}/(\text{kg K})$$

Die Bestimmung der Wirkungsgrade

Durch Anwendung der Formel 2.17 wird der Wirkungsgrad η_{is} des Verdichters bestimmt.

$$\eta_{is} = \frac{\Delta h_{is}}{\Delta h_{real}} = \frac{\Delta h_{12}}{\Delta h_{13}}$$

$$\eta_{is} = \frac{4910\ \text{kJ/kg} - 3965\ \text{kJ/kg}}{5120\ \text{kJ/kg} - 3965\ \text{kJ/kg}}$$

$$\eta_{is} = 0{,}818$$

Die Umsetzung der Formel 2.18 führt zu den bislang noch nicht bestimmten Wirkungsgraden.

Der Kupplungswirkungsgrad η_K setzt sich aus dem mechanischen η_m und dem isentropen Wirkungsgrad η_{is} zusammen:

$$\eta_K = \eta_{is}\eta_m = 0{,}818 \cdot 0{,}6 = 0{,}491$$

Der Gesamtwirkungsgrad η_{ges} bezieht den motorischen Wirkungsgrad η_M mit ein:

$$\eta_{ges} = \eta_K\eta_M = 0{,}491 \cdot 0{,}95 = 0{,}466$$

Das Interpolationsverfahrens nach dem Sekantennäherungsverfahren (Regula Falsi) wird in Aufgabe 6 angewendet, um die dynamische Viskosität und die Wärmeleitfähigkeit von Wasserstoff zu bestimmen.

Aufgabe 6

Die nachfolgenden Berechnungen fußen auf den Formeln und Tabellen im Abschnitt 2.1.5.

Die Bestimmung der dynamischen Viskosität

Datenbasis ist Tabelle 2.3. Um innerhalb des Temperaturintervalls von $T = 273$ K bis $T = 298$ K und bei einem Absolutdruck von $p = 10\ \text{bar}_a$ und $p = 100\ \text{bar}_a$ die dynamische Viskosität η für die Temperatur $T = 285$ K zu ermitteln, wird Formel 2.19 angewendet.

$$\eta^{285\,K} = \eta^{273\,K} + \frac{\eta^{298\,K} - \eta^{273\,K}}{298\ \text{K} - 273\ \text{K}}(285\ \text{K} - 273\ \text{K})$$

$$p = 10\ \text{bar}_a$$

$$\eta^{285\,K} = 8{,}381\ \mu\text{Pa s} + \frac{8{,}903\ \mu\text{Pa s} - 8{,}381\ \mu\text{Pa s}}{25\ \text{K}} 12\ \text{K} = 8{,}632\ \mu\text{Pa s}$$

$$p = 100\ \text{bar}_a$$

$$\eta^{285\,K} = 8{,}521\ \mu\text{Pa s} + \frac{9{,}018\ \mu\text{Pa s} - 8{,}521\ \mu\text{Pa s}}{25\ \text{K}} 12\ \text{K} = 8{,}760\ \mu\text{Pa s}$$

Um innerhalb des Druckintervalls von $p = 10\,\text{bar}_a$ bis $p = 100\,\text{bar}_a$ und bei einer Temperatur $T = 285$ K die dynamische Viskosität η für den Druck $p = 50\,\text{bar}_a$ zu ermitteln, wird Formel 2.20 angewendet.

$$T = 285\ \text{K}; p = 50\ \text{bar}_a$$

$$\eta^{50\,\text{bar}_a} = \eta^{10\,\text{bar}_a} + \frac{\eta^{100\,\text{bar}_a} - \eta^{10\,\text{bar}_a}}{100\ \text{bar}_a - 10\ \text{bar}_a}(50\ \text{bar}_a - 10\ \text{bar}_a)$$

$$\eta^{50\,\text{bar}_a} = 8{,}632\ \mu\text{Pa s} + \frac{8{,}760\ \mu\text{Pa s} - 8{,}632\ \mu\text{Pa s}}{90\ \text{bar}_a} 40\ \text{bar}_a = 8{,}689\ \mu\text{Pa s}$$

Die Bestimmung der Wärmeleitfähigkeit

Datenbasis ist Tabelle 2.4. Um innerhalb des Temperaturintervalls von $T = 273$ K bis $T = 298$ K und bei einem Absolutdruck von $p = 10\,\text{bar}_a$ und $p = 100\ \text{bar}_a$ die Wärmeleitfähigkeit λ für die Temperatur $T = 285\,K$ zu ermitteln, wird Formel 2.21 angewendet.

$$\lambda^{285\ \text{K}} = \lambda^{273\ \text{K}} + \frac{\lambda^{298\ \text{K}} - \lambda^{273\ \text{K}}}{298\ \text{K} - 273\ \text{K}}(285\ \text{K} - 273\ \text{K})$$

$$p = 10\ \text{bar}_a$$

$$\lambda^{285\ \text{K}} = 174{,}6\frac{\text{W}}{\text{m K}} + \frac{186{,}9\frac{\text{W}}{\text{m K}} - 174{,}6\frac{\text{W}}{\text{m K}}}{25\ \text{K}} 12\ \text{K} = 180{,}5\frac{\text{W}}{\text{m K}}$$

$$p = 100\ \text{bar}_a$$

$$\lambda^{285\ \text{K}} = 182{,}9\frac{\text{W}}{\text{m K}} + \frac{194{,}7\frac{\text{W}}{\text{m K}} - 182{,}9\frac{\text{W}}{\text{m K}}}{25\ \text{K}} 12\ \text{K} = 188{,}6\frac{\text{W}}{\text{m K}}$$

Um innerhalb des Druckintervalls von $p = 10\ \text{bar}_a$ bis $p = 100\ \text{bar}_a$ und bei einer Temperatur $T = 285$ K die Wärmeleitfähigkeit λ für den Druck $p = 50\ \text{bar}_a$ zu ermitteln, wird Formel 2.22 angewendet.

$$T = 285\ \text{K}; p = 50\ \text{bar}_a$$

$$\lambda^{50\,\text{bar}_a} = \lambda^{10\,\text{bar}_a} + \frac{\lambda^{100\,\text{bar}_a} - \lambda^{10\,\text{bar}_a}}{100\ \text{bar}_a - 10\ \text{bar}_a}(50\ \text{bar}_a - 10\ \text{bar}_a)$$

$$\lambda^{50\,\text{bar}_a} = 180{,}5\frac{\text{W}}{\text{m K}} + \frac{188{,}6\frac{\text{W}}{\text{m K}} - 180{,}5\frac{\text{W}}{\text{m K}}}{90\ \text{bar}_a} 40\ \text{bar}_a = 184{,}1\frac{\text{W}}{\text{m K}}$$

Die Bestimmung von Massenanteilen w und Volumenanteilen φ einer Mischung aus zwei Komponenten ist Gegenstand der Aufgabe 7.

Aufgabe 7

Zwei Komponenten werden unter den Betriebsbedingungen, wie in Bild 11.3 dargestellt, gemischt. Bekannt sind die molaren Anteile von Wasserstoff (1) mit $y_1 = 0{,}3$ und von Methan (2) mit $y_2 = 0{,}7$. Die stoffspezifischen Werte wie Dichte und Realgaszahl im Normzustand und molare Masse sind in Tabelle 2.1 im Abschnitt 2.1 zu finden.

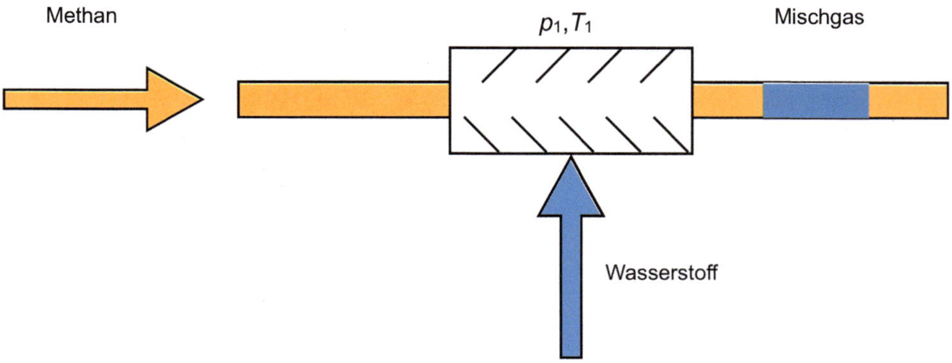

Bild 11.3 Die Mischung zweier Komponenten

Die Bestimmung der Massenanteile

Die Vorlagen zur Berechnung sind Tabelle 2.5 im Abschnitt 2.1.6 zu entnehmen.

$$w_1 = \frac{y_1 M_1}{y_1 M_1 + y_2 M_2}$$

$$w_1 = \frac{0{,}3 \cdot 2{,}0158 \text{ kg / kmol}}{0{,}3 \cdot 2{,}0158 \text{ kg / kmol} + 0{,}7 \cdot 16{,}043 \text{ kg / kmol}} = 0{,}051$$

$$w_2 = 1 - w_1 = 0{,}949$$

Die Bestimmung der Volumenanteile

Zur Bestimmung der Volumenanteile werden für die Betriebsbedingungen die jeweiligen Betriebsdichten ϱ_{i} benötigt. Zu diesem Zweck wird auf Formel 2.9 im Abschnitt 2.1.2 zurückgegriffen.

$$pV = zmRT$$

Die Gleichung wird umgestellt:

$$\frac{pV}{m} = \frac{p}{\varrho} = zRT$$

und mit dem Ausdruck für den Normzustand ins Verhältnis gesetzt:

$$\frac{p_n \varrho}{p \varrho_n} = \frac{z_n T_n}{z T}$$

Nach der Umstellung der Gleichung können die Betriebsdichten für Wasserstoff und Methan bestimmt werden:

$$\varrho_1 = \varrho_n \frac{z_{n,1}}{z_1} \frac{p}{p_n} \frac{T_n}{T}$$

$$\varrho_1 = 0{,}08989 \frac{\text{kg}}{\text{m}^3} \frac{1{,}0006}{1{,}1255} \frac{201\ \text{bar}_a}{1{,}01325\ \text{bar}_a} \frac{273{,}15\ \text{K}}{291{,}15\ \text{K}}$$

$$\varrho_1 = 14{,}873\ \text{kg}/\text{m}^3$$

$$\varrho_2 = \varrho_n \frac{z_{n,2}}{z_2} \frac{p}{p_n} \frac{T_n}{T}$$

$$\varrho_2 = 0{,}7175 \frac{\text{kg}}{\text{m}^3} \frac{0{,}997}{0{,}8055} \frac{201\ \text{bar}_a}{1{,}01325\ \text{bar}_a} \frac{273{,}15\ \text{K}}{291{,}15\ \text{K}}$$

$$\varrho_2 = 165{,}278\ \text{kg}/\text{m}^3$$

Mit den nun bekannten Dichten im Betriebszustand können die Volumenanteile berechnet werden:

$$\varphi_1(p,T) = \frac{y_1 M_1}{\varrho_1 \left(\frac{y_1 M_1}{\varrho_1} + \frac{y_2 M_2}{\varrho_2} \right)}$$

$$\varphi_1(p,T) = \frac{0{,}3 \cdot 2{,}0158\ \text{kg}/\text{kmol}}{14{,}873\ \text{kg}/\text{m}^3 \left(\frac{0{,}3 \cdot 2{,}0158\ \text{kg}/\text{kmol}}{14{,}873\ \text{kg}/\text{m}^3} + \frac{0{,}7 \cdot 16{,}043\ \text{kg}/\text{kmol}}{165{,}278\ \text{kg}/\text{m}^3} \right)}$$

$$\varphi_1(p,T) = 0{,}374$$

$$\varphi_2(p,T) = 1 - \varphi_1(p,T) = 0{,}626$$

Ein Gas kann als Spurengas in einem viel größeren Gasvolumen enthalten sein. Interessant sind in diesem Zusammenhang die verschiedenen Konzentrationsangaben. Aufgabe 8 zeigt hierfür ein Rechenbeispiel.

Aufgabe 8

Bekannt ist die Volumenkonzentration im Betriebszustand (p,T) von Kohlendioxid im Wasserstoffvolumen mit $\sigma_{CO_2}(p,T) = 500$ ppmv. Die erforderlichen Formeln zur Umrechnung in die anderen Konzentrationsgrößen findet man in der Tabelle 2.6 im Abschnitt 2.1.6.

Die Bestimmung der Massenkonzentration

$$\beta_{CO_2}(p,T) = \sigma_{CO_2}(p,T)\varrho_{CO_2}$$

$$\beta_{CO_2}(p,T) = 500 \cdot 10^{-6} \text{ m}^3 \text{ CO}_2 / \left(\text{m}^3 \text{ Gas}\right) \cdot 26{,}088 \cdot 10^3 \text{ g CO}_2 / \left(\text{m}^3 \text{ CO}_2\right)$$

$$\beta_{CO_2}(p,T) = 13{,}044 \text{ g CO}_2 / \left(\text{m}^3 \text{ Gas}\right)$$

Die Bestimmung der Stoffmengenkonzentration

$$c_{CO_2}(p,T) = \frac{\sigma_{CO_2}(p,T)\varrho_{CO_2}}{M_{CO_2}}$$

$$c_{CO_2}(p,T) = \frac{500 \cdot 10^{-6} \text{m}^3 \text{ CO}_2 / \left(\text{m}^3 \text{ Gas}\right) 26{,}088 \text{ kg CO}_2 / \left(\text{m}^3 \text{ CO}_2\right)}{44{,}01 \text{ kg CO}_2 / \left(\text{kmol CO}_2\right)}$$

$$c_{CO_2}(p,T) = 2{,}96 \cdot 10^{-4} \text{ kmol CO}_2 / \left(\text{m}^3 \text{ Gas}\right) = 0{,}296 \text{ mol CO}_2 / \left(\text{m}^3 \text{ Gas}\right)$$

Die Konzentrationen im Betriebszustand sollen nun auf Konzentrationswerte im Normzustand (p_n, T_n) umgerechnet werden. Die dafür erforderlichen Grundlagen sind Tabelle 2.7 im Abschnitt 2.1.6 zu entnehmen.

Zur Umrechnung der Volumenkonzentration auf den Normzustand

$$\sigma_{CO_2}(p_n,T_n) = \sigma_{CO_2}(p,T)\frac{\varrho_G(p_n,T_n)}{\varrho_G(p,T)}\frac{\varrho_{CO_2}(p,T)}{\varrho_{CO_2}(p_n,T_n)}$$

Die spezifische Größe Gasdichte ϱ_G ist nach dem *Buch Wasserstofftechnik* im Abschnitt 2.2.12 zunächst die Dichte der Mischung. Da CO_2 ein Spurengas in der Mischung ist, kann für die Gasdichte ϱ_G die Dichte des Hauptgases Wasserstoff eingesetzt werden.

$$\sigma_{CO_2}(p_n,T_n) = 500 \text{ ppmv} \frac{0{,}08989 \text{ kg} / \text{m}^3 \, 26{,}088 \text{ kg} / \text{m}^3}{1{,}1251 \text{ kg} / \text{m}^3 \, 1{,}9768 \text{ kg} / \text{m}^3}$$

$$\sigma_{CO_2}(p_n,T_n) = 527{,}191 \text{ ppmv}$$

Zur Umrechnung der Massenkonzentration auf den Normzustand

$$\beta_{CO_2}(p_n,T_n) = \beta_{CO_2}(p,T)\frac{\varrho_G(p_n,T_n)}{\varrho_G(p,T)}$$

$$\beta_{CO_2}(p_n,T_n) = 13{,}044 \text{ g CO}_2 / \left(\text{m}^3 \text{ Gas}\right)\frac{0{,}08989 \text{ kg} / \text{m}^3}{1{,}1251 \text{ kg} / \text{m}^3}$$

$$\beta_{CO_2}(p_n,T_n) = 1{,}042 \text{ g CO}_2 / \left(\text{m}^3 \text{ Gas}\right)$$

Zur Umrechnung der Stoffmengenkonzentration auf den Normzustand

$$c_{CO_2}(p_n,T_n) = c_{CO_2}(p,T)\frac{\varrho_G(p_n,T_n)}{\varrho_G(p,T)}$$

$$c_{CO_2}(p_n,T_n) = 0{,}296 \text{ mol } CO_2 / (m^3 \text{ Gas})\frac{0{,}08989 \text{ kg}/m^3}{1{,}1251 \text{ kg}/m^3}$$

$$c_{CO_2}(p_n,T_n) = 0{,}024 \text{ mol } CO_2 / (m^3 \text{ Gas})$$

Die Konzentrationen im Betriebszustand sollen nun auf Konzentrationswerte im Standardzustand (p^θ, T^θ) umgerechnet werden. Die dafür erforderlichen Grundlagen sind wieder Tabelle 2.7 im Abschnitt 2.1.6 zu entnehmen.

Zur Umrechnung der Volumenkonzentration auf den Standardzustand

$$\sigma_{CO_2}(p^\theta,T^\theta) = \sigma_{CO_2}(p,T)\frac{\varrho_G(p^\theta,T^\theta)}{\varrho_G(p,T)}\frac{\varrho_{CO_2}(p,T)}{\varrho_{CO_2}(p^\theta,T^\theta)}$$

$$\sigma_{CO_2}(p^\theta,T^\theta) = 500 \text{ ppmv}\frac{0{,}0813 \text{ kg}/m^3\, 26{,}088 \text{ kg}/m^3}{1{,}1251 \text{ kg}/m^3\, 1{,}7851 \text{ kg}/m^3}$$

$$\sigma_{CO_2}(p^\theta,T^\theta) = 528{,}017 \text{ ppmv}$$

Zur Umrechnung der Massenkonzentration auf den Standardzustand

$$\beta_{CO_2}(p^\theta,T^\theta) = \beta_{CO_2}(p,T)\frac{\varrho_G(p^\theta,T^\theta)}{\varrho_G(p,T)}$$

$$\beta_{CO_2}(p^\theta,T^\theta) = 13{,}044 \text{ g } CO_2 / (m^3 \text{ Gas})\frac{0{,}0813 \text{ kg}/m^3}{1{,}1251 \text{ kg}/m^3}$$

$$\beta_{CO_2}(p^\theta,T^\theta) = 0{,}943 \text{ g } CO_2 / (m^3 \text{ Gas})$$

Zur Umrechnung der Stoffmengenkonzentration auf den Standardzustand

$$c_{CO_2}(p^\theta,T^\theta) = c_{CO_2}(p_1,T_1)\frac{\varrho_G(p^\theta,T^\theta)}{\varrho_G(p,T)}$$

$$c_{CO_2}(p^\theta,T^\theta) = 0{,}296 \text{ mol } CO_2 / (m^3 \text{ Gas})\frac{0{,}0813 \text{ kg}/m^3}{1{,}1251 \text{ kg}/m^3}$$

$$c_{CO_2}(p^\theta,T^\theta) = 0{,}021 \text{ mol } CO_2 / (m^3 \text{ Gas})$$

Die für den Betriebszustand angegebenen Konzentrationen werden in die jeweiligen Anteile nach den Vorgaben der Tabelle 2.8 im Abschnitt 2.1.6 umgewandelt.

Zur Umwandlung der Volumenkonzentration in Volumenanteil

Der Volumenanteil entspricht der Volumenkonzentration.

$$\varphi_{CO_2}(p,T) \cong \sigma_{CO_2}(p,T) = 5 \cdot 10^{-4}$$

Zur Umwandlung der Massenkonzentration in Massenanteil

$$w_{CO_2} = \frac{\beta_{CO_2}(p,T)}{\varrho_G}$$

$$w_{CO_2} = \frac{13{,}044 \text{ g } CO_2/\left(\text{m}^3 \text{ Gas}\right)}{1{,}1251 \cdot 10^3 \text{ g Gas}/\left(\text{m}^3 \text{ Gas}\right)} = 11{,}594 \cdot 10^{-3} \text{ g } CO_2/(\text{g Gas})$$

Zur Umwandlung der Stoffmengenkonzentration in Stoffmengenanteil

$$y_{CO_2} = c_{CO_2}(p,T)\frac{M_G}{\varrho_G}$$

$$y_{CO_2} = 0{,}296 \text{ mol } CO_2/\left(\text{m}^3 \text{ Gas}\right)\frac{2{,}0158 \cdot \text{g Gas}/(\text{mol Gas})}{1{,}1251 \cdot 10^3 \text{ g Gas}/\left(\text{m}^3 \text{ Gas}\right)}$$

$$y_{CO_2} = 5{,}3 \cdot 10^{-4} \text{ mol } CO_2/(\text{mol Gas})$$

Bei der Mischung reiner Gase unter Beteiligung des Wasserstoffs müssen stoffspezifische Größen und die Parameter der PR-Gleichung bestimmt werden. Diese Berechnungen sind Gegenstand der nächsten Aufgabe 9.

Aufgabe 9

Grundlage der Berechnungen für eine Mischung aus Wasserstoff (1) und Methan (2) sind die Formeln in Tabelle 2.9 im Abschnitt 2.1.7.

Die Bestimmung der molaren Masse

$$M = y_1 M_1 + y_2 M_2$$

$$M = 0{,}5 \cdot 2{,}0158 \frac{\text{kg}}{\text{kmol}} + 0{,}5 \cdot 16{,}043 \frac{\text{kg}}{\text{kmol}} = 9{,}029 \text{ kg/kmol}$$

Die Bestimmung der spezifischen Wärmekapazität

$$c_p = y_1 c_{p,1} + y_2 c_{p,2}$$

$$c_p = 0{,}5 \cdot 14{,}44 \frac{\text{kJ}}{\text{kg K}} + 0{,}5 \cdot 2{,}39 \frac{\text{kJ}}{\text{kg K}} = 8{,}42 \frac{\text{kJ}}{\text{kg K}}$$

Die Bestimmung der kinematischen Viskosität

Zunächst werden die Beiwerte F_{ij} bestimmt.

$$F_{ij} = \frac{\left[1+\sqrt{\frac{\eta_i}{\eta_j}}\sqrt[4]{\frac{M_j}{M_i}}\right]^2}{\sqrt{8\left(1+\frac{M_i}{M_j}\right)}}$$

$$F_{11} = F_{22} = \frac{\left[1+\sqrt{1}\sqrt[4]{1}\right]^2}{\sqrt{8(1+1)}} = 1$$

$$F_{12} = \frac{\left[1+\sqrt{\frac{9{,}946\ \mu\text{Pa s}}{12{,}749\ \mu\text{Pa s}}}\sqrt[4]{\frac{16{,}043\ \text{kg / kmol}}{2{,}0158\ \text{kg / kmol}}}\right]^2}{\sqrt{8\left(1+\frac{2{,}0158\ \text{kg / kmol}}{16{,}043\ \text{kg / kmol}}\right)}} = 2{,}055$$

$$F_{21} = \frac{\left[1+\sqrt{\frac{12{,}749\ \mu\text{Pa s}}{9{,}946\ \mu\text{Pa s}}}\sqrt[4]{\frac{2{,}0158\ \text{kg / kmol}}{16{,}043\ \text{kg / kmol}}}\right]^2}{\sqrt{8\left(1+\frac{16{,}043\ \text{kg / kmol}}{2{,}0158\ \text{kg / kmol}}\right)}} = 0{,}331$$

Danach kann die kinematische Viskosität der Mischung über die molaren Anteile und über die kinematische Viskosität der reinen Komponenten und über die zuvor ermittelten Beiwerte bestimmt werden.

$$\eta = \frac{y_1\eta_1}{y_1F_{11}+y_2F_{12}} + \frac{y_2\eta_2}{y_1F_{21}+y_2F_{22}}$$

$$\eta = \frac{0{,}5\cdot 9{,}946\mu\text{Pas}}{0{,}5\cdot 1+0{,}5\cdot 2{,}055} + \frac{0{,}5\cdot 12{,}749\mu\text{Pas}}{0{,}5\cdot 0{,}331+0{,}5\cdot 1}$$

$$\eta = 12{,}834\mu\text{Pas}$$

Die Bestimmung der Wärmeleitfähigkeit

Zunächst werden die Beiwerte F_{ij} bestimmt.

$$F_{ij} = \frac{\left[1+\sqrt{\frac{\lambda_i}{\lambda_j}}\sqrt[4]{\frac{M_j}{M_i}}\right]^2}{\sqrt{8\left(1+\frac{M_i}{M_j}\right)}}$$

$$F_{11} = F_{22} = \frac{\left[1+\sqrt{1}\sqrt[4]{1}\right]^2}{\sqrt{8(1+1)}} = 1$$

$$F_{12} = \frac{\left[1+\sqrt{\frac{210{,}144\ \text{mW}/(\text{m K})}{41{,}822\ \text{mW}/(\text{m K})}}\sqrt[4]{\frac{16{,}043\ \text{kg}/\text{kmol}}{2{,}0158\ \text{kg}/\text{kmol}}}\right]^2}{\sqrt{8\left(1+\frac{2{,}0158\ \text{kg}/\text{kmol}}{16{,}043\ \text{kg}/\text{kmol}}\right)}} = 7{,}566$$

$$F_{21} = \frac{\left[1+\sqrt{\frac{41{,}822\ \text{mW}/(\text{m K})}{210{,}144\ \text{mW}/(\text{m K})}}\sqrt[4]{\frac{2{,}0158\ \text{kg}/\text{kmol}}{16{,}043\ \text{kg}/\text{kmol}}}\right]^2}{\sqrt{8\left(1+\frac{16{,}043\ \text{kg}/\text{kmol}}{2{,}0158\ \text{kg}/\text{kmol}}\right)}} = 0{,}189$$

Danach kann die Wärmeleitfähigkeit der Mischung über die molaren Anteile und die Wärmeleitfähigkeit der reinen Komponenten und über die zuvor ermittelten Beiwerte bestimmt werden.

$$\lambda = \frac{y_1\lambda_1}{y_1F_{11}+y_2F_{12}} + \frac{y_2\lambda_2}{y_1F_{21}+y_2F_{22}}$$

$$\lambda = \frac{0{,}5\cdot 210{,}144\ \text{mW}/(\text{m K})}{0{,}5\cdot 1+0{,}5\cdot 7{,}566} + \frac{0{,}5\cdot 41{,}822\ \text{mW}/(\text{m K})}{0{,}5\cdot 0{,}189+0{,}5\cdot 1}$$

$$\lambda = 59{,}706\ \text{mW}/(\text{m K})$$

Die Bestimmung der Parameter der PR-Gleichung

Die von Peng und Robinson vorgeschlagene Zustandsgleichung für Gase kann auch für die in dieser Aufgabe behandelte Mischung aus Wasserstoff (1) und Methan (2) verwendet werden. In den folgenden Schritten sollen die Parameter *a(T)* und *b* berechnet werden.

Zur Bestimmung des Parameters *a(T)* ist es erforderlich, für die reinen Komponenten H_2 und CH_4 mit den Formeln 2.11 bis 2.13 aus dem Abschnitt 2.1.2 den jeweiligen Parameter *a(T)* zu berechnen.

n-Wasserstoff:

Zunächst wird für den Betriebszustand die reduzierte Temperatur ermittelt.

$$T_r = \frac{T}{T_c} = \frac{350\ \text{K}}{33{,}19\text{K}} = 10{,}545$$

$$\alpha(T) = \left[1 + m\left(1 - \sqrt{T_r}\right)\right]^2 = \left[1 + 0{,}0289\left(1 - \sqrt{10{,}545}\right)\right]^2 = 0{,}874$$

$$a(T) = a_1(T) = a_c\alpha(T) = 6515{,}92 \frac{\text{m}^5}{\text{s}^2\ \text{kg}} 0{,}874 = 5694{,}91 \frac{\text{m}^5}{\text{s}^2\ \text{kg}}$$

Methan:

$$T_r = \frac{T}{T_c} = \frac{350\text{K}}{190{,}56\text{K}} = 1{,}837$$

$$\alpha(T) = \left[1 + m\left(1 - \sqrt{T_r}\right)\right]^2 = \left[1 + 0{,}3931\left(1 - \sqrt{1{,}837}\right)\right]^2 = 0{,}740$$

$$a(T) = a_2(T) = a_c\alpha(T) = 969{,}87 \frac{\text{m}^5}{\text{s}^2\ \text{kg}} 0{,}74 = 717{,}70 \frac{\text{m}^5}{\text{s}^2\ \text{kg}}$$

Mischung:

Es muss zunächst der Kreuzkoeffizient $a_{1,2}(T)$ bestimmt werden. Der Parameter ki,j wird nach den Anmerkungen zur Tabelle 2.9 im Abschnitt 2.1.7 auf 0 gesetzt.

$$a_{1,2}(T) = a_{2,1}(T) = \sqrt{a_1(T)a_2(T)}$$

$$a_{1,2}(T) = a_{2,1}(T) = \sqrt{5694{,}91 \frac{\text{m}^5}{\text{s}^2\ \text{kg}} 717{,}7 \frac{\text{m}^5}{\text{s}^2\ \text{kg}}}$$

$$a_{1,2}(T) = a_{2,1}(T) = 2021{,}69 \frac{\text{m}^5}{\text{s}^2\ \text{kg}}$$

Für *a(T)* der Mischung gilt:

$$a(T) = y_1^2 a_1(T) + 2y_1y_2a_{1,2}(T) + y_2^2 a_2(T)$$

$$a(T) = 0{,}5^2 \cdot 5694{,}91 \frac{\text{m}^5}{\text{s}^2\ \text{kg}} + 2 \cdot 0{,}5^2 \cdot 2021{,}69 \frac{\text{m}^5}{\text{s}^2\ \text{kg}} + 0{,}5^2 \cdot 717{,}7 \frac{\text{m}^5}{\text{s}^2\ \text{kg}}$$

$$a(T) = 2614 \frac{\text{m}^5}{\text{s}^2\ \text{kg}}$$

Bei der Untersuchung zum Parameter *b* gemäß den Vorgaben in Tabelle 2.9 im Abschnitt 2.1.7 wird folgender Weg beschritten:

$$b = y_1b_1 + y_2b_2 = 0{,}5 \cdot 0{,}0081\ \text{m}^3/\text{kg} + 0{,}5 \cdot 0{,}00167\ \text{m}^3/\text{kg}$$

$$b = 0{,}0049\ \text{m}^3/\text{kg}$$

Die nächste Aufgabe 10 behandelt die Permeation von Wasserstoff durch metallische Wandungen eines Druckbehälters.

Aufgabe 10

Die Bestimmung der Permeationsrate

Zunächst wird mit der Hilfe des ersten Fick'schen Gesetzes die Permeationsrate ϕ mit der Formel 2.24 im Abschnitt 2.2.1 berechnet. Die für den Werkstoff A517(F) relevanten Stoffparameter Permeationskonstante ϕ_0 und Aktivierungsenergie E_ϕ sind der Tabelle 2.10 in Abschnitt 2.2.1 zu entnehmen.

$$\phi = \phi_0 e^{\frac{-E_\phi}{R_m T}}$$

$$\phi = 1{,}5 \cdot 10^{-4} \text{ mol}/\left(\text{m s}\sqrt{\text{MPa}}\right) \cdot e^{\frac{-39300 \text{ J/mol}}{8{,}3145 \text{ J/(mol K)} \cdot 333{,}15 \text{ K}}}$$

$$\phi = 1{,}03 \cdot 10^{-10} \text{ mol}/\left(\text{m s}\sqrt{\text{MPa}}\right)$$

Die Ermittlung der an der Wasserstoffpermeation beteiligten Fläche

Die Wandfläche setzt sich nach Bild 11.4 aus der Zylinderfläche A_Z, der Bodenfläche A_B und dem Deckelfläche A_D zusammen. Für die Berechnung der Flächen wird der mittlere Durchmesser des zylindrischen Körpers d_m herangezogen.

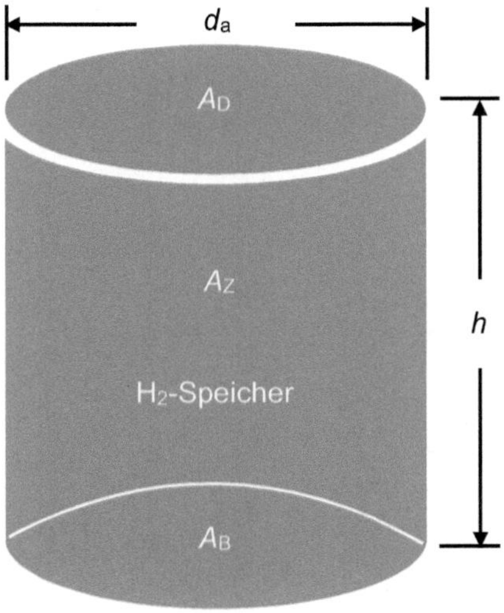

Bild 11.4
Modell eines zylindrischen Speicherbehälters für Wasserstoff

$$d_m = \frac{d_a + d_i}{2} = d_a - \Delta x = 494{,}4 \text{ mm}$$

$$A = A_Z + A_B + A_D = \pi d_m h + 2\frac{\pi d_m^2}{4} = \pi\left(0{,}4944 \text{ m } 2{,}5 \text{ m} + \frac{0{,}4944^2 \text{m}^2}{2}\right) = 4{,}27 \text{ m}^2$$

Die Bestimmung des Wasserstoffmassenstromes

Die Ermittlung des Wasserstoffmassenstromes $\dot{J}_{H_2}$ folgt der Formel 2.27 im Abschnitt 2.2.1. Der Partialdruck ist als Differenz zwischen Rohrinnendruck und Rohraußendruck der Betriebsdruck auf der Wasserstoffseite.

$$\dot{J}_{H_2} = \frac{\phi MA}{\Delta x}\sqrt{p_{H_2}}$$

$$\dot{J}_{H_2} = 1{,}03 \cdot 10^{-10} \text{ mol}/\left(\text{m s}\sqrt{\text{MPa}}\right)\frac{2{,}0158 \cdot 10^{-3}\text{kg}/\text{mol } 4{,}27 \text{ m}^2}{5{,}6 \cdot 10^{-3} \text{ m}}\sqrt{4 \text{ MPa}}$$

$$\dot{J}_{H_2} = 3{,}17 \cdot 10^{-10} \text{ kg}/\text{s} = 1{,}14 \cdot 10^{-6} \text{ kg}/\text{h} = 0{,}01 \text{ kg}/\text{a}$$

Die Ermittlung des Wasserstoffvolumenstromes

Der Wasserstoffvolumenstrom im Normzustand ist

$$\dot{V}_{H_2,n} = \frac{\dot{J}_{H_2}}{\varrho_n} = \frac{1{,}14 \cdot 10^{-6} \text{ kg}/\text{h}}{0{,}08989 \text{ kg}/\text{m}^3} = 1{,}27 \cdot 10^{-5} \text{ m}^3/\text{h} = 1{,}27 \cdot 10^{-2} \text{ l}/\text{h}$$

Es bleibt festzuhalten, dass die Einheit Liter pro Stunde für den Wasserstoffvolumenstrom ein sehr anschauliches Maß für die Größenordnung der Wasserstoffpermeation ist.

Für die Abschätzung der permeierten Wasserstoffmengen aus Rohrleitungen wie in Bild 11.5 ist es zweckmäßig, diese Größe auf Meter Rohrleitungslänge zu beziehen. Aufgabe 11 zeigt die Vorgehensweise.

Bild 11.5 Überflur verlegte Rohrleitungen in einer Anlage zum Transport von technischen Gasen durch einen Kühler

Aufgabe 11

Die erforderlichen mathematischen Beziehungen sind den Formeln 2.24 bis 2.27 und die stoffspezifischen Werte sind Tabelle 2.10 im Abschnitt 2.2.1 zu entnehmen.

Die Ermittlung der Permeationsrate

$$\phi = \phi_0 e^{\frac{-E_\phi}{R_m T}}$$

$$\phi = 3{,}77 \cdot 10^{-5}\ \text{mol} / \left(\text{m s}\sqrt{\text{MPa}}\right) \cdot e^{\frac{-35070\ \text{J/mol}}{8{,}3145\ \text{J/(mol K)} \cdot 298{,}15\ \text{K}}}$$

$$\phi = 2{,}71 \cdot 10^{-11}\ \text{mol} / \left(\text{m s}\sqrt{\text{MPa}}\right)$$

Zur Berechnung der Löslichkeit

Die Löslichkeit S charakterisiert für H_2 den Übergang von der Rohrinnenseite hinein in den Werkstoff.

$$S = S_0 e^{\frac{-E_S}{R_m T}}$$

$$S = 202{,}4\ \text{mol} / \left(\text{m}^3 \sqrt{\text{MPa}}\right) \cdot e^{\frac{-24700\ \text{J/mol}}{8{,}3145\ \text{J/(mol K)} \cdot 298{,}15\ \text{K}}}$$

$$S = 9{,}53 \cdot 10^{-3}\ \text{mol} / \left(\text{m}^3 \sqrt{\text{MPa}}\right)$$

Zur Berechnung der Diffusion

Die Diffusion ist ein Maß für die Permeabilität des Werkstoffs.

$$D = \frac{\phi}{S}$$

$$D = \frac{2{,}71 \cdot 10^{-11}\ \text{mol} / \left(\text{m s}\sqrt{\text{MPa}}\right)}{9{,}53 \cdot 10^{-3}\ \text{mol} / \left(\text{m}^3 \sqrt{\text{MPa}}\right)}$$

$$D = 2{,}84 \cdot 10^{-9}\ \text{m}^2/\text{s}$$

Zur Ermittlung der an der Wasserstoffpermeation beteiligten Fläche

Der Wasserstoffmassenstrom mit der wirksamen Rohrfläche A je m Leitungslänge ($L = 1\text{m}$) ist auf m Leitungslänge bezogen und berücksichtigt den mittleren Rohrdurchmesser $d_m = d_a - \Delta x$:

$$A = \frac{\pi d_m L}{L}$$

$$A = \frac{\pi\ 0{,}2674\ \text{m}\ 1\ \text{m}}{1\ \text{m}} = 0{,}840\ \text{m}^2/\text{m}$$

Zur Bestimmung des Wasserstoffmassenstromes

$$\dot{j}_{H_2} = \frac{\phi MA}{\Delta x}\sqrt{p_{H_2}}$$

$$\dot{j}_{H_2} = \frac{2{,}71\cdot 10^{-11}\ \text{mol}/\left(\text{m s}\sqrt{\text{MPa}}\right)\cdot 2{,}0158\cdot 10^{-3}\ \text{kg/mol}\cdot 0{,}84\ \text{m}^2/\text{m}\cdot\sqrt{7\ \text{MPa}}}{5{,}6\cdot 10^{-3}\ \text{m}}$$

$$\dot{j}_{H_2} = 2{,}17\cdot 10^{-11}\ \text{kg}/\left(\text{s m}\right)$$

Wenn die Leitung über ein Jahr (Jahresbenutzungsstunden von $b_h = 8760\,\text{h}/\text{a}$) bei maximalem Betriebsdruck steht, entspricht dies einem jährlichen Wasserstoffmassenstrom je m Leitungslänge von

$$\dot{j}_{H_2} = 2{,}17\cdot 10^{-11}\frac{\text{kg}}{\text{s m}}\cdot 3600\frac{\text{s}}{\text{h}}\cdot 8760\frac{\text{h}}{\text{a}} = 6{,}84\cdot 10^{-4}\ \text{kg}/\left(\text{a m}\right)$$

Zum Wasserstoffvolumenstrom

Der stündliche Wasserstoffvolumenstrom im Normzustand je m Leitungslänge kann mithilfe der Dichte im Normzustand bestimmt werden.

$$\dot{V}_n = \dot{V}_{H_2,n} = \frac{2{,}17\cdot 10^{-11}\ \text{kg}/\left(\text{s m}\right)\cdot 3600\ \text{s}/\text{h}}{0{,}08989\cdot 10^{-3}\ \text{kg}/\text{l}} = 8{,}7\cdot 10^{-4}\ \text{l}/\left(\text{h m}\right)$$

Im Gegensatz zu Metallen diffundiert der Wasserstoff durch Kunststoffe als molekularer Wasserstoff. Die zu erwartende Größenordnung der permeierten Menge aus einer PP-Leitung mit 1 km Länge ist der Lösung von Aufgabe 12 zu entnehmen.

Aufgabe 12

Die Ermittlung der Permeationsrate

Die Permeationsrate ϕ kann mit einem Teil der Formel 2.28 im Abschnitt 2.2.2 berechnet werden.

$$\phi = \phi_0 e^{\frac{-h_\phi}{R_m T}}$$

$$\phi = 99{,}9\cdot 10^{-3}\ \text{mol}/\left(\text{m s MPa}\right) e^{\frac{-38500\ \text{J/mol}}{8{,}3145\ \text{J}/(\text{mol/K})\,313{,}15\ \text{K}}}$$

$$\phi = 3{,}78\cdot 10^{-8}\ \text{mol}/\left(\text{m s MPa}\right)$$

Zur Ermittlung der an der Wasserstoffpermeation beteiligten Fläche

Der Wasserstoffmassenstrom mit der wirksamen Rohrfläche A über der Leitungslänge L berücksichtigt den mittleren Rohrdurchmesser $d_m = d_a - \Delta x$.

$$A = \pi d_m L$$

$$A = \pi(0{,}25\ \mathrm{m} - 0{,}0077\ \mathrm{m})1000\ \mathrm{m} = 761{,}21\ \mathrm{m}^2$$

Zur Bestimmung des Wasserstoffmassenstromes

$$\dot{j}_{H_2} = \frac{\phi M A}{\Delta x} p_{H_2}$$

$$\dot{j}_{H_2} = \frac{3{,}78 \cdot 10^{-11}\ \mathrm{kmol/(m\ s\ MPa)}\ 2{,}0158\ \mathrm{kg/kmol}\ 761{,}21\ \mathrm{m}^2\ 0{,}39\ \mathrm{MPa}}{7{,}7 \cdot 10^{-3}\ \mathrm{m}}$$

$$\dot{j}_{H_2} = 2{,}94 \cdot 10^{-6}\ \mathrm{kg/s} = 2{,}94 \cdot 10^{-6}\ \mathrm{kg/s}\ 3600\ \mathrm{s/h} = 1{,}06 \cdot 10^{-2}\ \mathrm{kg/h}$$

$$\dot{j}_{H_2} = 1{,}06 \cdot 10^{-2}\ \mathrm{kg/h}\ 8760\ \mathrm{h/a} = 92{,}86\ \mathrm{kg/a}$$

Zum Wasserstoffvolumenstrom

Der stündliche Wasserstoffvolumenstrom im Normzustand über der gesamten Leitungslänge kann mithilfe der Dichte im Normzustand bestimmt werden.

$$\dot{V}_n = \dot{V}_{H_2,n} = \frac{1{,}06 \cdot 10^{-2}\ \mathrm{kg/h}}{0{,}08989 \cdot 10^{-3}\ \mathrm{kg/l}} = 117{,}92\ \mathrm{l/h}$$

Die Vorbeugung vor dem durch Wasserstoffeinwirkung begünstigten Sprödbruch bei metallischen Werkstoffen ist eine der wesentlichen Aufgaben bei der planerischen und betrieblichen Begleitung der Wasserstofftechnologie. Die folgenden Lösungen der Aufgaben 13 bis 17 befassen sich mit dieser Thematik.

Aufgabe 13

Die folgende Aufgabe ist es, unter den Randbedingungen der Aufgabenstellung die vier Hauptspannungen als dimensionslose Größen für verschiedene Winkel von Hauptspannungsebenen zur Rissachse zu ermitteln. Grundlage der Berechnungen sind die Formeln in Tabelle 2.11 im Abschnitt 2.3.1.1.

Zur Hauptnormalspannung in x-Richtung

$$\sigma_x / \left(\sigma\sqrt{a/2x}\right) = c_x = \cos\frac{\varphi}{2}\left(1 - \sin\frac{\varphi}{2}\sin\frac{3\varphi}{2}\right)$$

Zur Hauptnormalspannung in y-Richtung

$$\sigma_y / \left(\sigma\sqrt{a/2x}\right) = c_y = \cos\frac{\varphi}{2}\left(1 + \sin\frac{\varphi}{2}\sin\frac{3\varphi}{2}\right)$$

Zur Hauptnormalspannung in z-Richtung

$$\sigma_z / \left(\sigma\sqrt{a/2x}\right) = c_z = \mu\left(c_x + c_y\right)$$

Zur Schubspannung

$$\tau_{xy} / \left(\sigma\sqrt{a / 2x}\right) = c_{xy} = \cos\frac{\varphi}{2}\sin\frac{\varphi}{2}\cos\frac{3\varphi}{2}$$

Die dimensionslosen Koeffizienten c_x, c_y, c_z und c_{xy} sind in der nachfolgenden Tabelle 11.1 aufgeführt.

Tabelle 11.1 Dimensionslose Koeffizienten c_x, c_y, c_z und c_{xy}

Koeffizient	φ = 0°	φ = 30°	φ = 60°	φ = 90°
c_x	1	0,79	0,43	0,35
c_y	1	1,14	1,30	1,06
c_z	0,6	0,58	0,52	0,42
c_{xy}	0	0,18	0	-0,35

Die Bestimmung des Spannungsintensitätsfaktors K_I ist ein wichtiger Schritt, um zu beurteilen, ob das Bauteil unter dem aktuellen maximalen Innendruck durch Sprödbruch gefährdet ist. Aufgabe 14 behandelt diese Thematik für fünf unterschiedliche Rissformen.

Aufgabe 14

Grundlage der Berechnung des Spannungsintensitätsfaktors für alle fünf Rissformen sind Bild 2.16 und Tabelle 2.12 sowie Bild 2.17 und Tabelle 2.13 im Abschnitt 2.3.1.2.

Für alle Rissformen gilt mit den Parametern der Rohrgeometrie:

$$d_m = \frac{d_a + d_i}{2} = r_a + r_i$$

$$d_m = 203{,}2\,\text{mm} + 192{,}2\,\text{mm} = 395{,}4\,\text{mm}$$

$$\frac{d_m}{2s} = \frac{395{,}4\,\text{mm}}{2 \cdot 11\,\text{mm}} = 17{,}97$$

$$\frac{r_i}{s} = \frac{192{,}2\,\text{mm}}{11\,\text{mm}} = 17{,}47$$

Die Spannung in Umfangsrichtung σ_φ und in radialer Ausbreitung σ_r können berechnet werden:

$$\sigma_\varphi = \frac{p_ü d_m}{2s} = \frac{5\text{ MPa } 395{,}4\,\text{mm}}{2 \cdot 11\,\text{mm}} = 89{,}86\text{ MPa}$$

$$\sigma_r = \frac{2p_ü r_a^2}{r_a^2 - r_i^2} = \frac{2 \cdot 5\text{ MPa } 203{,}2^2\text{ mm}^2}{203{,}2^2\text{ mm}^2 - 192{,}2^2\text{ mm}^2} = 94{,}93\text{ MPa}$$

Für die einzelnen Rissformen können nachfolgende Beiwerte, Geometriefaktoren und Spannungsintensitätsfaktoren ermittelt werden.

Der Spannungsintensitätsfaktor bei einem Längsriss auf der Außenseite

Es handelt sich um die Rissform a) nach Bild 2.16 und Tabelle 2.12 im Abschnitt 2.3.1.2.

$$X = \frac{a}{\sqrt{0{,}5 s d_{\mathrm{m}}}} = \frac{2\,\mathrm{mm}}{\sqrt{0{,}5 \cdot 11\,\mathrm{mm} \cdot 395{,}4\,\mathrm{mm}}} = 0{,}043$$

$$K_{\mathrm{I}} = \sigma_{\varphi} \sqrt{\pi a} \sqrt{1 + 0{,}52 X + 1{,}29 X^2 - 0{,}074 X^3}$$

$$K_{\mathrm{I}} = 89{,}86\ \mathrm{MPa} \sqrt{\pi 0{,}002\ \mathrm{m}} \sqrt{1{,}025}$$

$$K_{\mathrm{I}} = 7{,}21\ \mathrm{MPa}\sqrt{\mathrm{m}}$$

Der Spannungsintensitätsfaktor bei einem punktförmigen Innenriss in radialer Richtung

Es handelt sich um die Rissform b) nach Bild 2.16 und Tabelle 2.12 im Abschnitt 2.3.1.2.

$$C_2 = \left(0{,}2 \frac{r_{\mathrm{i}}}{s} - 1\right)^{0{,}25} = (0{,}2 \cdot 17{,}47 - 1)^{0{,}25} = 1{,}257$$

$$C_1 = 1{,}1 + C_2 \left(4{,}951 \left(\frac{a}{s}\right)^2 + 1{,}092 \left(\frac{a}{s}\right)^4\right)$$

$$C_1 = 1{,}1 + 1{,}257 \left(4{,}951 \left(\frac{2\,\mathrm{mm}}{11\,\mathrm{mm}}\right)^2 + 1{,}092 \left(\frac{2\,\mathrm{mm}}{11\,\mathrm{mm}}\right)^4\right) = 1{,}307$$

$$K_{\mathrm{I}} = \sigma_{\mathrm{r}} \sqrt{\pi a} C_1$$

$$K_{\mathrm{I}} = 94{,}93\ \mathrm{MPa} \sqrt{\pi 0{,}002\ \mathrm{m}}\, 1{,}307$$

$$K_{\mathrm{I}} = 9{,}83\ \mathrm{MPa}\sqrt{\mathrm{m}}$$

Der Spannungsintensitätsfaktor bei einem Außenriss in halbelliptischer Form und axialer Ausrichtung

Es handelt sich um die Rissform c) nach Bild 2.16 und Tabelle 2.12 im Abschnitt 2.3.1.2.

$$\xi = \frac{2c}{s} = \frac{24\,\mathrm{mm}}{11\,\mathrm{mm}} = 2{,}182$$

$$C_3 = 1{,}12 + 0{,}053\xi + 0{,}0055\xi^2 + \left(1 + 0{,}02\xi + 0{,}0191\xi^2\right)\frac{\left(20 - \frac{d_\text{m}}{2s}\right)^2}{1400}$$

$$C_3 = 1{,}12 + 0{,}116 + 0{,}026 + 1{,}135\frac{\left(20 - 17{,}97\right)^2}{1400} = 1{,}265$$

$$Q = 1 + 1{,}464\left(\frac{a}{c}\right)^{1{,}65} = 1 + 1{,}464\left(\frac{2\,\text{mm}}{12\,\text{mm}}\right)^{1{,}65} = 1{,}076$$

$$K_\text{I} = \sigma_\varphi \sqrt{\frac{\pi a}{Q}} C_3$$

$$K_\text{I} = 89{,}86\ \text{MPa}\sqrt{\frac{\pi 0{,}002\ \text{m}}{1{,}076}}1{,}265$$

$$K_\text{I} = 8{,}69\ \text{MPa}\sqrt{\text{m}}$$

Der Spannungsintensitätsfaktor bei einem axialsymmetrischen Innenriss in radialer Richtung

Es handelt sich um die Rissform d) nach Bild 2.17 und Tabelle 2.13 im Abschnitt 2.3.1.2.

$$C_5 = \left(0{,}4\frac{r_\text{i}}{s} - 3\right)^{0{,}25} = \left(0{,}4 \cdot 17{,}47 - 3\right)^{0{,}25} = 1{,}413$$

$$C_4 = 1{,}1 + C_5\left(1{,}948\left(\frac{a}{s}\right)^{1{,}5} + 0{,}3342\left(\frac{a}{s}\right)^{4{,}2}\right)$$

$$C_4 = 1{,}1 + 1{,}413\left(1{,}948\left(\frac{2\,\text{mm}}{11\,\text{mm}}\right)^{1{,}5} + 0{,}3342\left(\frac{2\,\text{mm}}{11\,\text{mm}}\right)^{4{,}2}\right) = 1{,}314$$

$$K_\text{I} = \sigma_\varphi \sqrt{\pi a} C_4$$

$$K_\text{I} = 89{,}86\ \text{MPa}\sqrt{\pi 0{,}002\ \text{m}}\,1{,}314$$

$$K_\text{I} = 9{,}36\ \text{MPa}\sqrt{\text{m}}$$

Der Spannungsintensitätsfaktor bei einem Innenriss in halbelliptischer Form

Es handelt sich um die Rissform e) nach Bild 2.17 und Tabelle 2.13 im Abschnitt 2.3.1.2.

Die Beiwerte $\xi = 2c/s = 2{,}182$ und $Q = 1 + 1{,}464\left(a/c\right)^{1{,}65} = 1{,}076$ entsprechen den Beiwerten für die Rissform c).

$$C_6 = 1 + \left[0{,}02 + \xi\left(0{,}0103 + 0{,}00617\xi\right) + 0{,}0035\left(1 + 0{,}07\xi\right)\left(\frac{d_{\mathrm{m}}}{2s} - 5\right)^{0,7}\right] Q^2$$

$$C_6 = 1 + \left[0{,}02 + 0{,}052 + 0{,}004\left(17{,}97 - 5\right)^{0,7}\right] 1{,}076^2 = 1{,}111$$

$$K_{\mathrm{I}} = \sigma_{\varphi} \sqrt{\frac{\pi a}{Q}} C_6$$

$$K_{\mathrm{I}} = 89{,}86 \text{ MPa} \sqrt{\frac{\pi 0{,}002 \text{ m}}{1{,}076}} 1{,}111$$

$$K_{\mathrm{I}} = 7{,}63 \text{ MPa}\sqrt{\text{m}}$$

In der nachfolgenden Tabelle 11.2 sind zusammengefasst die Spannungsintensitätsfaktoren der einzelnen Rissformen für die betrachtete Wasserstoffleitung unter den vorgegebenen Betriebsparametern dargestellt.

Tabelle 11.2 Berechnungsergebnisse zu den Spannungsintensitätsfaktoren

Rissform	a)	b)	c)	d)	e)
σ_n / MPa	90	95	90	90	90
s/mm	11	11	11	11	11
a/mm	2	2	2	2	2
K_{I} / MPa$\sqrt{\text{m}}$	7,21	9,83	8,69	9,36	7,63

Anmerkungen: Nennspannungwerte auf ganze Zahlen gerundet

Die Schlussfolgerung aus der vorangestellten Berechnung ist, dass der punktförmige Innenriss im Rohrkörper in radialer Richtung im Vergleich den höchsten Spannungsintensitätsfaktor K_{I} zur Folge hat.

In der Aufgabe 15 werden für zwei Rissformen die kritische Risslänge a_c und die Erfüllung des Leck-vor-Bruch-Kriteriums behandelt. Insbesondere ist die Frage interessant, was getan werden muss, wenn das genannte Kriterium nicht erfüllt wird.

Aufgabe 15

Es werden exemplarisch nach Bild 2.16 und Tabelle 2.12 im Abschnitt 2.3.1.2 zwei unterschiedliche Rissformen betrachtet. Je nach Risslänge a wird unter den geometrischen Bedingungen der Rissform der Spannungsintensitätsfaktor K_{I} ermittelt. Die Vorgehensweise ist Gegenstand der Aufgabe 14. Solange der Wert des Spannungsintensitätsfaktors K_{I} nicht den Wert des materialspezifischen kritischen Spannungsintensitätsfaktors K_{IC} erreicht, ist nicht mit einem Wasserstoff induzierten Sprödbruch zu rechnen. Wenn die Risslänge a den Wert der kritischen Risslänge a_c erreicht, so hat im Werkstoff der Spannungsintensitätsfaktor K_I die Höhe des kritischen Spannungsintensitätsfaktors K_{IC} angenommen und $\Delta K = 0$ (Bild 11.6). Dann ist von einem Wasserstoff induzierten Sprödbruch auszugehen.

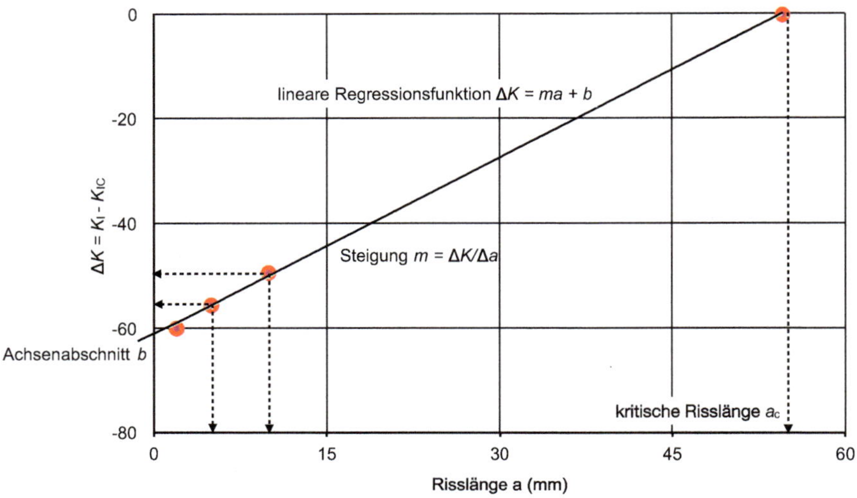

Bild 11.6 Lineare Regressionsfunktion zur Bestimmung der kritischen Risslänge a_c am Beispiel der Rissform a)

Die Betrachtung geht von einer linearen Regressionsfunktion

$$\Delta K = K_I - K_{IC} = ma + b$$

aus. Für diese Funktion wird die a-Koordinate für $\Delta K = 0$ gesucht, die identisch mit der kritischen Risslänge a_c ist.

Die kritische Risslänge für den Längsriss in Achsrichtung

Betrachtet wird die Rissform a) nach Bild 2.16 und Tabelle 2.12 im Abschnitt 2.3.1.2. Die lineare Regressionskurve $\Delta K = K_I - K_{IC}$ ist in Bild 11.6 dargestellt.

Risslänge $a = 5\,\text{mm}$:

$$\left(11{,}65\ \text{MPa}\sqrt{\text{m}} - 67\ \text{MPa}\sqrt{\text{m}}\right) = m \cdot 5\,\text{mm} + b$$

Risslänge $a = 10\,\text{mm}$:

$$\left(17{,}23\ \text{MPa}\sqrt{\text{m}} - 67\ \text{MPa}\sqrt{\text{m}}\right) = m \cdot 10\,\text{mm} + b$$

Beide vorangestellten Gleichungen werden voneinander subtrahiert.

$$-5{,}58\ \text{MPa}\sqrt{\text{m}} = -m \cdot 5\,\text{mm}$$
$$m = 1{,}116\,\text{MPa}\sqrt{\text{m}}\ /\ \text{mm}$$

Einsetzen in die erste der vorangestellten Gleichung ergibt:

$$-55{,}35\,\text{MPa}\sqrt{\text{m}} = 1{,}116\,\text{MPa}\sqrt{\text{m}}\,/\,\text{mm}\cdot 5\,\text{mm} + b$$
$$b = -60{,}93\,\text{MPa}\sqrt{\text{m}}$$

Für $\Delta K = 0$ folgt für die kritische Risslänge a_c:

$$0 = 1{,}116\frac{\text{MPa}\sqrt{\text{m}}}{\text{mm}}a_c - 60{,}93\,\text{MPa}\sqrt{\text{m}}$$
$$a_c = 54{,}60\,\text{mm}$$

Das Ergebnis wird so gedeutet, dass das Leck-vor-Bruch-Kriterium mit $a_c \gg s$ erfüllt ist.

Die kritische Risslänge für den punktförmigen Innenriss in radialer Richtung

Betrachtet wird die Rissform b) nach Bild 2.16 und Tabelle 2.12 im Abschnitt 2.3.1.2.

Risslänge $a = 5\,\text{mm}$:

$$\left(29{,}08\ \text{MPa}\sqrt{\text{m}} - 67\ \text{MPa}\sqrt{\text{m}}\right) = m\cdot 5\,\text{mm} + b$$

Risslänge $a = 10\,\text{mm}$:

$$\left(120{,}83\ \text{MPa}\sqrt{\text{m}} - 67\ \text{MPa}\sqrt{\text{m}}\right) = m\cdot 10\,\text{mm} + b$$

Beide vorangestellten Gleichungen werden voneinander subtrahiert.

$$-91{,}75\ \text{MPa}\sqrt{\text{m}} = -m\cdot 5\,\text{mm}$$
$$m = 18{,}35\,\text{MPa}\sqrt{\text{m}}\,/\,\text{mm}$$

Einsetzen in die erste der vorangestellten Gleichung ergibt:

$$-37{,}92\ \text{MPa}\sqrt{\text{m}} = 18{,}35\ \text{MPa}\sqrt{\text{m}}\,/\,\text{mm}\cdot 5\,\text{mm} + b$$
$$b = -129{,}67\ \text{MPa}\sqrt{\text{m}}$$

Für $\Delta K = 0$ folgt für die kritische Risslänge a_c:

$$0 = 18{,}35\frac{\text{MPa}\sqrt{\text{m}}}{\text{mm}}a_c - 129{,}67\,\text{MPa}\sqrt{\text{m}}$$
$$a_c = 7{,}07\,\text{mm}$$

Aus der Rechnung geht hervor, dass im Fall eines punktförmigen Risses in radialer Richtung bei quasistationärem Betrieb das Leck-vor Bruch-Kriterium nicht erfüllt ist.

Nun stellt sich die Frage nach den Konsequenzen. Um für den Fall, dass mit der Rissform b) nachweislich zu rechnen ist und das Leck-vor-Bruch-Kriterium gelten soll, muss der Innendruck reduziert werden. Mit den Rechenschritten in Aufgabe 14 und Aufgabe 15 ergeben sich für abgesenkte Betriebsdrücke p_i folgende, in Tabelle 11.3 dargestellte kritische Risslängen a_c:

Tabelle 11.3 Berechnungsergebnisse zu den kritischen Risslängen

Druck	p_i = 4 MPa		p_i = 3 MPa		p_i = 2 MPa	
a/mm	5	10	5	10	5	10
K_I / MPa$\sqrt{m}$	29,26	96,65	17,45	72,48	11,63	48,32
a_c/mm	7,98 [$a_c < s$]		9,50 [$a_c < s$]		12,55 [$a_c < s$]	

Anmerkungen: Punktförmiger Innenriss in einer Leitung in radialer Richtung, s = 11 mm

Um sicher zu gehen, dass das Leck-vor-Bruch-Kriterium $a_c \gg s$ gilt, muss der Innendruck auf $p_i < 2$ MPa abgesenkt werden.

In Aufgabe 16 werden für einen Druckbehälterstahl die Koeffizienten des Paris-Erdogan-Gesetzes bestimmt.

Aufgabe 16

Aus dem Paris-Erdogan-Gesetz in Formel 2.33 im Abschnitt 2.3.2 können durch Umstellung der Gleichung die beiden Parameter m und C bestimmt werden.

$$\frac{da}{dN} = C\left(\Delta K\right)^m$$

Zu diesem Zweck werden im Bild 11.7 die Koordinaten für zwei Zustandspunkte festgelegt.

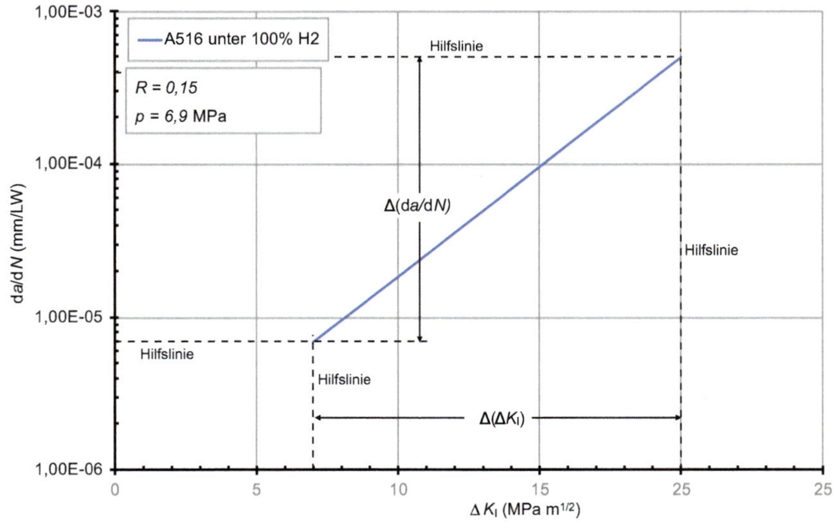

Bild 11.7 Zur Bestimmung der Parameter des Paris-Erdogan-Gesetzes beim Druckbehälterstahl ASTM A516 nach C. San Marchi et al.

Die Formel 2.33 wird umgestellt:

$$\ln\left(\frac{da}{dN}\right) = \ln C + m \cdot \ln \Delta K_I$$

Für die beiden Zustandspunkte gilt:

$$\ln\left(\frac{da}{dN}\right)_1 = \ln C + m \cdot \ln\left(\Delta K_I\right)_1$$

$$\ln\left(\frac{da}{dN}\right)_2 = \ln C + m \cdot \ln\left(\Delta K_I\right)_2$$

$$\ln\left(\frac{da}{dN}\right)_1 - \ln\left(\frac{da}{dN}\right)_2 = \mathrm{m}\left[\ln\left(\Delta K_I\right)_1 - \ln\left(\Delta K_I\right)_2\right]$$

Ermittlung des materialspezifischen Parameters *m*

$$m = \frac{ln\frac{(da/dN)_1}{(da/dN)_2}}{ln\frac{(\Delta K_I)_1}{(\Delta K_I)_2}}$$

$$m = \frac{\ln\left(\frac{7 \cdot 10^{-6}\ \mathrm{mm/LW}}{5 \cdot 10^{-4}\ \mathrm{mm/LW}}\right)}{\ln\frac{7\ \mathrm{MPa}\sqrt{\mathrm{m}}}{20\ \mathrm{MPa}\sqrt{\mathrm{m}}}} = 4{,}07$$

Ermittlung des materialspezifischen Parameters *C*

Der Spannungsintensitätsfaktor muss in eine andere Einheit umgerechnet werden. Für den ersten Zustandspunkt bedeutet dies:

$$(\Delta K_I)_1 = 7\ \mathrm{MPa}\sqrt{\mathrm{m}} = 7\ \mathrm{MPa}\sqrt{\mathrm{m} \cdot 1000\,\mathrm{mm/m}} = 221{,}36\ \mathrm{MPa}\sqrt{\mathrm{mm}}$$

$$C = \frac{(da/dN)_1}{(\Delta K_I)_1^m}$$

$$C = \frac{7 \cdot 10^{-6}\ \mathrm{mm/LW}}{221{,}36^{4{,}07}\ \mathrm{MPa^m}\ \mathrm{mm^{0{,}5m}}}$$

$$C = 2 \cdot 10^{-15}\ \mathrm{mm^{1-0{,}5m}} / \left(\mathrm{LW\ MPa^m}\right)$$

In der folgenden Aufgabe 17 werden die Ergebnisse von Aufgabe 16 benötigt, um beim zyklischen Betriebsverlauf die Anzahl der kritischen Lastwechsel N_C zu bestimmen.

Aufgabe 17

Das Ziel der Berechnung ist die Ermittlung der kritischen Zahl an Lastwechseln, ab der man mit einem Wasserstoff induzierten Sprödbruch rechnen muss. Dafür müssen zunächst die Betriebsbedingungen offengelegt werden.

Zur Ermittlung der wirksamen maximalen Spannungsdifferenz

Mit dem Spannungsverhältnis $R = \sigma_u / \sigma_o$ kann die Spannungsdifferenz $\Delta\sigma$ bestimmt werden:

$$\Delta\sigma = \sigma_o - \sigma_u = \sigma_o - R\sigma_o = \sigma_o(1 - R)$$
$$\Delta\sigma = 7\,\text{MPa}\ 0{,}85 = 5{,}95\,\text{MPa}$$

Bestimmung der Anfangsrisslänge

Für die Rissform b) aus Bild 2.16 und Tabelle 2.12 aus Abschnitt 2.3.1.2 wird der Geometriefaktor C_1 mit dem Beiwert C_2 ermittelt. Zur Rohrgeometrie zählen neben den aus der Aufgabenstellung bekannten Größen auch der Innenradius $r_i = (d_a - 2s)/2 = 0{,}568\,\text{m}$ und das Verhältnis aus mittlerem Durchmesser zur doppelten Wandstärke $d_m / 2s = (d_a + d_i)/4s = 18{,}25$. Aus Tabelle 2.12 kann die Formel für den Beiwert C_2 genommen werden.

$$C_2 = \left(0{,}2\frac{r_i}{s} - 1\right)^{0{,}25} = \left(0{,}2\frac{568\,\text{mm}}{32\,\text{mm}} - 1\right)^{0{,}25} = 1{,}264$$

Zu Beginn des stabilen Risswachstums bei zyklischer Belastung ist die Anfangsrisslänge $a_a = a_0$ und der Geometriefaktor C_1:

$$C_1 = 1{,}1 + 1{,}264\left(4{,}951\left(\frac{a_0}{s}\right)^2 + 1{,}092\left(\frac{a_0}{s}\right)^4\right)$$

Für die Mindestrisslänge, für die noch Dauerschwingfestigkeit unterstellt wird, kann die Formel 2.36 im Abschnitt 2.32 mit dem Spannungsintensitätsfaktor ΔK_{I0} aus Aufgabe 16 herangezogen werden.

$$a_0^* = \frac{1}{\pi}\left(\frac{\Delta K_{I0}}{\Delta\sigma C_1}\right)^2$$

Da die Anfangsrisslänge auch vom Geometriefaktor C_1 abhängt, muss unter der Bedingung $a_0 - a_0^* = 0$ die Mindestrisslänge iterativ gefunden werden.

Beispiel: $a_0 = 21\,\text{mm}$

$$C_1 = 1{,}1 + 1{,}264\left(4{,}951\left(\frac{21\,\text{mm}}{32\,\text{mm}}\right)^2 + 1{,}092\left(\frac{21\,\text{mm}}{32\,\text{mm}}\right)^4\right) = 4{,}051$$

$$a_0^* = \frac{1}{\pi}\left(\frac{221{,}36\ \text{MPa}\sqrt{\text{mm}}}{5{,}95\ \text{MPa}\ 4{,}051}\right)^2 = 26{,}85\,\text{mm}$$

$$a_0 - a_0^* = -5{,}85\,\text{mm}$$

Bei einer Anfangsrisslänge $a_a = a_0 = 22{,}25\,\text{mm}$ mit einem Geometriefaktor $C_1 = 4{,}448$ und $a_0^* = 22{,}27\,\text{mm}$ erreicht die Differenz $a_0 - a_0^*$ ihr Minimum mit 0,02 mm. Eine numerische Lösung ohne Rundungsfehler kommt zu dem Ergebnis $a_a = a_0 = 22{,}26\,\text{mm}$. Dieser Wert wird zur Bestimmung der kritischen Lastzahl N_C verwendet.

Bestimmung der kritischen Risslänge

Die Bestimmung der kritischen Risslänge a_c verfolgt den gleichen Weg wie die Bestimmung der Anfangsrisslänge. Der in Formel 2.35 im Abschnitt 2.32 benötigte kritische Spannungsintensitätsfaktor ist

$$\Delta K_{IC} = 20\ \text{MPa}\sqrt{\text{m}} = 20\ \text{MPa}\sqrt{\text{m}\cdot 1000\,\text{mm}/\text{m}} = 632{,}46\ \text{MPa}\sqrt{\text{mm}}$$

Beispiel: $a_c = 32\,\text{mm}$

$$C_1 = 1{,}1 + 1{,}264\left(4{,}951\left(\frac{32\,\text{mm}}{32\,\text{mm}}\right)^2 + 1{,}092\left(\frac{32\,\text{mm}}{32\,\text{mm}}\right)^4\right) = 8{,}738$$

Mit Formel 2.35 im Abschnitt 2.3.2 kann die kritische Risslänge a_c^* bestimmt werden:

$$a_c^* = \frac{1}{\pi}\left(\frac{\Delta K_{IC}}{\sigma_o C_1}\right)^2$$

$$a_c^* = \frac{1}{\pi}\left(\frac{632{,}46\ \text{MPa}\sqrt{\text{mm}}}{7\ \text{MPa}\ 8{,}738}\right)^2 = 34{,}03\,\text{mm}$$

$$a_c - a_c^* = -2{,}03\,\text{mm}$$

Eine numerische Lösung ohne Rundungsfehler kommt zu dem Ergebnis $a_c = 32{,}39\,\text{mm}$ mit einem korrespondierenden Geometriefaktor $C_1 = 8{,}960$. Diese Werte werden zur Bestimmung der kritischen Lastzahl N_C verwendet.

Ermittlung der kritischen Zahl an Lastwechseln

Wir setzen die materialspezifischen Parameter m und C aus der Aufgabe 16 ein. Grundlage ist die Formel 2.34 aus Abschnitt 2

$$N_{\mathrm{C}} = \frac{2\left(a_{\mathrm{c}}^{1-\frac{m}{2}} - a_{\mathrm{a}}^{1-\frac{m}{2}}\right)}{(2-m)C\left(\Delta\sigma\beta\sqrt{\pi}\right)^{m}}$$

$$N_{\mathrm{C}} = \frac{2\left(32{,}39^{1-4{,}07/2} - 22{,}26^{1-4{,}07/2}\right)}{(2-4{,}07)\cdot 2\cdot 10^{-15}\ \mathrm{mm}^{1-\mathrm{m}/2} / \left(\mathrm{LW\ MPa}^{\mathrm{m}}\right)\cdot\left(5{,}95\ \mathrm{MPa}\cdot 8{,}96\cdot\sqrt{\pi}\right)^{4{,}07}}$$

$$N_{\mathrm{C}} = 57139\ \mathrm{LW}$$

In der Aufgabe 18 wird für ein Gemisch aus zudosiertem Wasserstoff und dem Grundstoff Propan die untere (UEG) und obere Explosionsgrenze (OEG) näherungsweise bestimmt.

Aufgabe 18

Es wird die Gleichung von Le Chatelier in der Formel 2.37 im Abschnitt 2.4 angewendet. Die jeweiligen Explosionsgrenzen von Wasserstoff (1) und Propan (1) sind in der Tabelle 2.14 im Abschnitt 2.4 enthalten.

Untere Explosionsgrenze des Gemisches:

$$\mathrm{UEG} \equiv y_{\mathrm{zu}} = \frac{1}{\frac{y_1}{(y_{\mathrm{zu}})_1} + \frac{y_2}{(y_{\mathrm{zu}})_2}}$$

$$y_{\mathrm{zu}} = \frac{1}{\frac{0{,}25\frac{n_1}{n_{\mathrm{Gemisch}}}}{0{,}04\frac{n_1}{n_{\mathrm{Luft}}}} + \frac{0{,}75\frac{n_2}{n_{\mathrm{Gemisch}}}}{0{,}017\frac{n_2}{n_{\mathrm{Luft}}}}}$$

$$y_{\mathrm{zu}} = 0{,}0199\frac{n_{\mathrm{Gemisch}}}{n_{\mathrm{Luft}}} = 1{,}99\,\mathrm{mol\text{-}\%}$$

Obere Explosionsgrenze des Gemisches:

$$\mathrm{OEG} \equiv y_{\mathrm{zo}} = \frac{1}{\frac{y_1}{(y_{\mathrm{zo}})_1} + \frac{y_2}{(y_{\mathrm{zo}})_2}}$$

$$y_{zo} = \frac{1}{\dfrac{0{,}25\dfrac{n_1}{n_{\text{Gemisch}}}}{0{,}77\dfrac{n_1}{n_{\text{Luft}}}} + \dfrac{0{,}75\dfrac{n_2}{n_{\text{Gemisch}}}}{0{,}108\dfrac{n_2}{n_{\text{Luft}}}}}$$

$$y_{zo} = 0{,}1376\frac{n_{\text{Gemisch}}}{n_{\text{Luft}}} = 13{,}76\,\text{mol-\%}$$

Die Zusammensetzung des Gemisches Wasserstoff-Luft-Stickstoff wird für den Fall, dass die Luft-Grenzkonzentration y_{LGK} 21,2 mol-% beträgt und es noch nicht zu einer Explosion kommt, in Aufgabe 19 untersucht.

Aufgabe 19

Die Grenzen für das ternäre Gemisch kann man in das beiliegende Diagramm in Bild 11.8 einzeichnen.

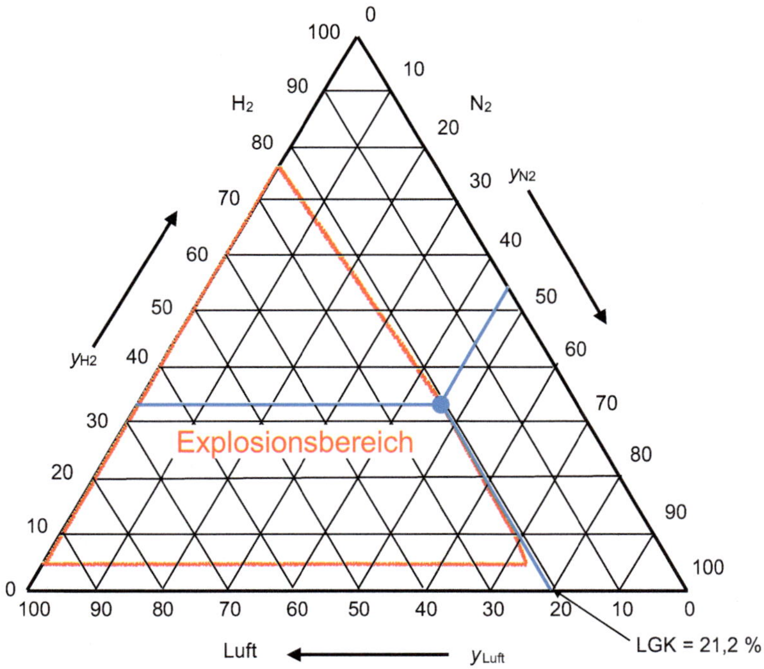

Bild 11.8 Zusammensetzung des ternären Gemisches Wasserstoff-Luft-Stickstoff für den Fall $y_{LGK} = 0{,}212$

Dem Diagramm können folgende molare Anteile entnommen werden.

Wasserstoff für $y_{\text{LGK}} = 0{,}212$:

$$y_{z_{\text{H}_2}} = 0{,}33$$

Luft für $y_{\text{LGK}} = 0{,}212$:

$$y_{z_{\text{Luft}}} = 0{,}212$$

Inerter Stickstoff für $y_{\text{LGK}} = 0{,}212$:

$$y_{z_{\text{inerterN}_2}} = 1 - 0{,}330 - 0{,}212 = 0{,}458$$

Die Berechnung der Sauerstoffgrenzkonzentration folgt der Formel 2.38 im Abschnitt 2.4.

$$y_{SGK} = 0{,}209 y_{\text{LGK}} = 0{,}209 \cdot 0{,}212 = 0{,}044$$

Der gesamte Stickstoffanteil ist dann:

$$y_{\text{N}_2} = y_{z_{\text{inerterN}_2}} + y_{z_{\text{Luft}}} - y_{\text{SGK}}$$
$$y_{\text{N}_2} = 0{,}458 + 0{,}212 - 0{,}044 = 0{,}626$$

Ob die Berechnung vollständig ist, kann über die Gesamtbilanz kontrolliert werden:

$$\sum y = y_{z_{\text{H}_2}} + y_{\text{N}_2} + y_{\text{SGK}} = 0{,}330 + 0{,}626 + 0{,}044 = 1\left(q.e.d.\right)$$

In Aufgabe 20 sollen für die elektrolytische Reaktion mit Wasser zu Wasserstoff und Sauerstoff die Reaktionsenthalpie $\Delta_R h$ und die freie Reaktionsenthalpie $\Delta_R g$ für eine gegenüber der Standardtemperatur erhöhten Temperatur gefunden werden.

Aufgabe 20

Die Standardreaktionsenthalpie

Zunächst wird die Standardreaktionsenthalpie nach dem Satz von Hess berechnet (Formel 2.40 im Abschnitt 2.5).

$$\Delta_{\text{R}} h^{\ominus} = \sum \nu \Delta_{\text{B}} h^{\ominus} \left(\text{Produkte}\right) - \sum \nu \Delta_{\text{B}} h^{\ominus} \left(\text{Edukte}\right)$$
$$\Delta_{\text{R}} h^{\ominus} = 0 + \frac{1}{2} \cdot 0 - (-285{,}83 \text{ kJ / mol}) = 285{,}83 \text{ kJ / mol}$$

Die Wärmekapazität im Standardzustand

Die Wärmekapazität im Standardzustand wird analog der Reaktionsenthalpie ermittelt.

$$\Delta_R c^{\ominus}_{p,m} = \sum \nu c^{\ominus}_{p,m} (\text{Produkte}) - \sum \nu c^{\ominus}_{p,m} (\text{Edukte})$$

$$\Delta_R c^{\ominus}_{p,m} = 28{,}824 \text{ J}/(\text{mol K}) + 0{,}5 \cdot 29{,}355 \text{ J}/(\text{mol K}) - 75{,}291 \text{ J}/(\text{mol K})$$

$$\Delta_R c^{\ominus}_{p,m} = -31{,}790 \text{ J}/(\text{mol K})$$

Alternativ kann die Wärmekapazität auch mithilfe der in der Aufgabenstellung gegebenen spezifischen Wärmekapazitäten in kJ/(kg K) in Verbindung mit der molaren Masse aus Tabelle 2.16 im Abschnitt 2.5 berechnet werden.

$$\Delta_R c^{\ominus}_{p,m} = \sum \nu c^{\ominus}_{pi} M_i (\text{Produkte}) - \sum \nu c^{\ominus}_{pj} M_j (\text{Edukte})$$

$$\Delta_R c^{\ominus}_{p,m} = 14{,}304 \frac{\text{kJ}}{\text{kg K}} 2{,}0158 \frac{\text{kg}}{\text{kmol}} + 0{,}5 \cdot 0{,}91 \frac{\text{kJ}}{\text{kg K}} 31{,}999 \frac{\text{kg}}{\text{kmol}}$$

$$-4{,}182 \frac{\text{kJ}}{\text{kg K}} 18{,}015 \frac{\text{kg}}{\text{kmol}}$$

$$\Delta_R c^{\ominus}_{p,m} = -31{,}945 \text{ J}/(\text{mol K})$$

Exemplarisch wird mit diesem Wert weiter gerechnet.

Die Wärmekapazität im erhöhten Temperaturzustand

$$\Delta_R c_{p_{m,T}} = \sum \nu c_{p_{i,T}} M_i (\text{Produkte}) - \sum \nu c_{p_{j,T}} M_j (\text{Edukte})$$

$$\Delta_R c_{p_{m,T}} = 14{,}408 \frac{\text{kJ}}{\text{kg K}} 2{,}0158 \frac{\text{kg}}{\text{kmol}} + 0{,}5 \cdot 0{,}926 \frac{\text{kJ}}{\text{kg K}} 31{,}999$$

$$-4{,}185 \frac{\text{kJ}}{\text{kg K}} 18{,}015 \frac{\text{kg}}{\text{kmol}}$$

$$\Delta_R c_{p_{m,T}} = -31{,}534\, J/(\text{mol K})$$

Es wird eine mittlere Wärmekapazität $c_{p,m}\Big|_{T^{\ominus}}^{T}$ nach der Gleichung in Tabelle 2.15 im Abschnitt 2.5 zwischen der Berechnungstemperatur und der Standardtemperatur von 25 °C benötigt.

$$c_{p,m}\Big|_{T^{\ominus}}^{T} = \frac{c_{p,m_T} \cdot \vartheta - c_{p,m_{T^{\ominus}}} \cdot 25°\text{C}}{\vartheta - 25°\text{C}}$$

$$c_{p,m}\Big|_{T^{\ominus}}^{T} = \frac{-31{,}534 \text{ J}/(\text{mol K})\, 65°\text{C} - (-31{,}945 \text{ J}/(\text{mol K})\, 25°\text{C})}{(65°\text{C} - 25°\text{C})}$$

$$c_{p,m}\Big|_{T^{\ominus}}^{T} = -31{,}277 \text{ J}/(\text{mol K})$$

Die Standardreaktionsentropie

Analog der Formel 2.40 im Abschnitt 2.5 und mit der Hilfe der Tabelle 2.16 kann die Standardreaktionsenthalpie bestimmt werden.

$$\Delta_R s^\ominus = \sum \nu s_m^\ominus (\text{Produkte}) - \sum \nu s_m^\ominus (\text{Edukte})$$
$$\Delta_R s^\ominus = 130{,}684 \text{ J}/(\text{mol K}) + 0{,}5 \cdot 205{,}138 \text{ J}/(\text{mol K}) - 69{,}91 \text{ J}/(\text{mol K})$$
$$\Delta_R s^\ominus = 163{,}34 \text{ J}/(\text{mol K})$$

Die Reaktionsenthalpie bei einem erhöhten Temperaturzustand

Die zur Berechnung der Reaktionsenthalpie bei einem erhöhten Temperaturzustand erforderliche Gleichung ist in Tabelle 2.15 im Abschnitt 2.5 zu finden. Die Temperaturdifferenz in Grad Celsius entspricht dabei der Temperaturdifferenz in Kelvin.

$$\Delta_R h = \Delta_R h^\ominus + \sum \nu c_{p,m}\Big|_{T^\ominus}^{T} \left(T - T^\ominus\right)$$
$$\Delta_R h = 285{,}83 \text{ kJ}/\text{mol} - 31{,}277 \cdot 10^{-3} \text{ kJ}/(\text{mol K})(65\,°\text{C} - 25\,°\text{C})$$
$$\Delta_R h = 284{,}58 \text{ kJ}/\text{mol}$$

Die Reaktionsentropie bei einem erhöhten Temperaturzustand

Anhand der Tabelle 2.15 im Abschnitt 2.5 kann für die Bestimmung der Reaktionsenthalpie bei einer erhöhten Systemtemperatur folgende Gleichung verwendet werden:

$$\Delta_R s = \Delta_R s^\ominus + \sum \nu c_{p,m}\Big|_{T^\ominus}^{T} \ln \frac{T}{T^\ominus} - \sum \nu R_m \ln \frac{p_i}{p^\ominus}$$

Aus Gründen der Übersichtlichkeit werden im Weiteren die einzelnen Terme der Gleichung berechnet. Die Einheit K im Temperaturquotienten ist bereits gekürzt.

$$\sum \nu c_{p,m}\Big|_{T^\ominus}^{T} \ln \frac{T}{T^\ominus} = -31{,}277 \text{ J}/(\text{mol K}) \ln \frac{338{,}15}{298{,}15} = -3{,}94 \text{ J}/(\text{mol K})$$

Die Partialdrücke sind zu bestimmen. Zu diesem Zweck werden die Formeln aus Tabelle 2.9 im Abschnitt 2.1.7 und aus Tabelle 2.15 im Abschnitt 2.5 angewendet.

$$M = \sum_{i=1}^{n} y_i M_i$$
$$p_i = y_i p$$

Mit $y_2 = 1 - y_1$ folgt für den molaren Anteil von Wasserstoff (1)

$$y_1 = \frac{M - M_2}{M_1 - M_2} = \frac{18{,}015 \text{ kg}/\text{kmol} - 31{,}999 \text{ kg}/\text{kmol}}{2{,}0158 \text{ kg}/\text{kmol} - 31{,}999 \text{ kg}/\text{kmol}} = 0{,}47$$

Der Partialdruck des Wasserstoffs ist

$$p_1 = 0{,}47 \cdot 1\ \text{bar} = 0{,}47\ \text{bar}$$

Der Partialdruck des Sauerstoffs (2) ist dann $p_2 = 0{,}53 \cdot 1\ \text{bar} = 0{,}53\ \text{bar}$.

$$\sum \nu R_\text{m} \ln \frac{p_i}{p^\ominus} = 8{,}3145 \frac{\text{J}}{\text{mol K}} \left(\ln \frac{0{,}47\ \text{bar}}{1\ \text{bar}} + 0{,}5 \ln \frac{0{,}53\ \text{bar}}{1\ \text{bar}} - \ln \frac{1\ \text{bar}}{1\ \text{bar}} \right)$$

$$\sum \nu R_\text{m} \ln \frac{p_i}{p^\ominus} = -8{,}92 \frac{\text{J}}{\text{mol K}}$$

Das führt zur Reaktionsenthalpie:

$$\Delta_\text{R} s = 163{,}34\,\text{J}/(\text{mol K}) - 3{,}94\ \text{J}/(\text{mol K}) + 8{,}92\ \text{J}/(\text{mol K})$$

$$\Delta_\text{R} s = 168{,}32\,\text{J}/(\text{mol K})$$

Die freie Reaktionsenthalpie bei einem erhöhten Temperaturzustand

Die zur Berechnung der freien Reaktionsenthalpie bei einem erhöhten Temperaturzustand erforderliche Gleichung ist in Tabelle 2.15 im Abschnitt 2.5 zu finden.

$$\Delta_\text{R} g = \Delta_\text{R} h - T \Delta_\text{R} s$$

$$\Delta_\text{R} g = 284{,}58\ \text{kJ}/\text{mol} - 168{,}32 \cdot 10^{-3}\ \text{kJ}/(\text{mol K})338{,}15\ \text{K}$$

$$\Delta_R g = 227{,}66\,\text{kJ}/\text{mol}$$

Die Bestimmung von Abgaszusammensetzung und Abgasmenge einer Verbrennungsreaktion mit Beteiligung von H_2 ist Gegenstand der nächsten Aufgabe 21.

Aufgabe 21

Alle verwendeten Gleichungen sind der Tabelle 2.17 im Abschnitt 2.6 zu entnehmen.

Der Mindestluftbedarf der Verbrennungsreaktion

$$l_\text{min} = \frac{1}{y_{\text{O}_2}} \left[\frac{1}{2} \left(y_{\text{CO}^\text{B}} + y_{\text{H}_2^\text{B}} \right) + 2 y_{\text{CH}_4^\text{B}} + \sum \left(n + \frac{m}{4} \right) y_{\text{C}_\text{n}\text{H}_\text{m}^\text{B}} - y_{\text{O}_2^\text{B}} \right]$$

$$l_\text{min} = \frac{1}{0{,}20947} (0{,}5 \cdot 0{,}2 + 2 \cdot 0{,}72 + 3{,}5 \cdot 0{,}04 + 5 \cdot 0{,}02)$$

$$l_\text{min} = 8{,}498 \frac{\text{mol Luft}}{\text{mol B}}$$

Die Feuchte

$$\varphi = \frac{\varphi_\text{s} p_\text{S}}{p - \varphi_\text{s} p_\text{S}}$$

$$\varphi = \frac{0{,}8 \cdot 0{,}017057\ \text{bar}}{1{,}08\ \text{bar} - 0{,}8 \cdot 0{,}017057\ \text{bar}} = 0{,}013$$

Der Kohlendioxidanteil

$$y_{CO_2}^{A} = \left(y_{CO^B} + y_{CH_4^B} + \sum n y_{C_nH_m^B} + y_{CO_2^B}\right)$$

$$y_{CO_2}^{A} = 0{,}72 + 2 \cdot 0{,}04 + 3 \cdot 0{,}02 + 0{,}01 = 0{,}87 \frac{\text{mol CO}_2}{\text{mol B}}$$

Der Wasseranteil

$$y_{H_2O}^{A} = \left(y_{H_2^B} + 2 y_{CH_4^B} + \sum \frac{m}{2} y_{C_nH_m^B} + \varphi \lambda l_{min}\right)$$

$$y_{H_2O}^{A} = 0{,}2 + 2 \cdot 0{,}72 + 3 \cdot 0{,}04 + 4 \cdot 0{,}02 + 0{,}013 \cdot 1{,}2 \cdot 8{,}498$$

$$= 1{,}973 \frac{\text{mol H}_2\text{O}}{\text{mol B}}$$

Der Stickstoffanteil

$$y_{N_2}^{A} = \left(y_{N_2^B} + 0{,}79053 \lambda l_{min}\right)$$

$$y_{N_2}^{A} = 0{,}01 + 0{,}79053 \cdot 1{,}2 \cdot 8{,}498 = 8{,}072 \frac{\text{mol N}_2}{\text{mol B}}$$

Der Sauerstoffanteil

$$y_{O_2}^{A} = 0{,}20947(\lambda - 1) l_{min}$$

$$y_{O_2}^{A} = 0{,}20947(1{,}2 - 1) 8{,}498 = 0{,}356 \frac{\text{mol O}_2}{\text{mol B}}$$

Der Anteil und die Menge des trockenen Abgases

$$y_{tr}^{A} = y_{N_2}^{A} + y_{O_2}^{A} + y_{CO_2}^{A}$$

$$y_{tr}^{A} = 8{,}072 \frac{\text{mol N}_2}{\text{mol B}} + 0{,}356 \frac{\text{mol O}_2}{\text{mol B}} + 0{,}87 \frac{\text{mol CO}_2}{\text{mol B}} = 9{,}298 \frac{\text{mol tA}}{\text{mol B}}$$

Die Menge des trockenen Abgases v_{tr}^{A} ist

$$v_{tr}^{A} = 9{,}298 \frac{\text{m}^3 \text{ tA}}{\text{m}^3 \text{ B}}$$

Der Anteil und die Menge des feuchten Abgases

$$y_{f}^{A} = y_{tr}^{A} + y_{H_2O}^{A}$$

$$y_{f}^{A} = 9{,}298 \frac{\text{mol tA}}{\text{mol B}} + 1{,}973 \frac{\text{mol H}_2\text{O}}{\text{mol B}} = 11{,}271 \frac{\text{mol fA}}{\text{mol B}}$$

Die Menge des feuchten Abgases v_f^A ist

$$v_\text{f}^\text{A} = 11{,}271 \frac{\text{m}^3 \text{ fA}}{\text{m}^3 \text{ B}}$$

11.2 Wirtschaftlichkeit von Wasserstoffprojekten

In der Vor- und Nachbereitung von Wasserstoffprojekten, die über eine Periode von mehreren Jahren durchgeführt werden, wird die Wirtschaftlichkeit nach der diskontierten Cash-Flow-Methode geprüft. Die dabei angewendeten Bearbeitungsschritte sind Gegenstand der folgenden Aufgabe 22.

Aufgabe 22

Die im Abschnitt 3 in der Tabelle 3.1 vorgestellten Formeln sind Grundlage der nachfolgenden Berechnungen. Es müssen zunächst ein Terminplan erstellt und die projektspezifischen Investitionen *I*, Erlöse *E* und Kosten *K* und Abschreibungen *Afa* bestimmt werden.

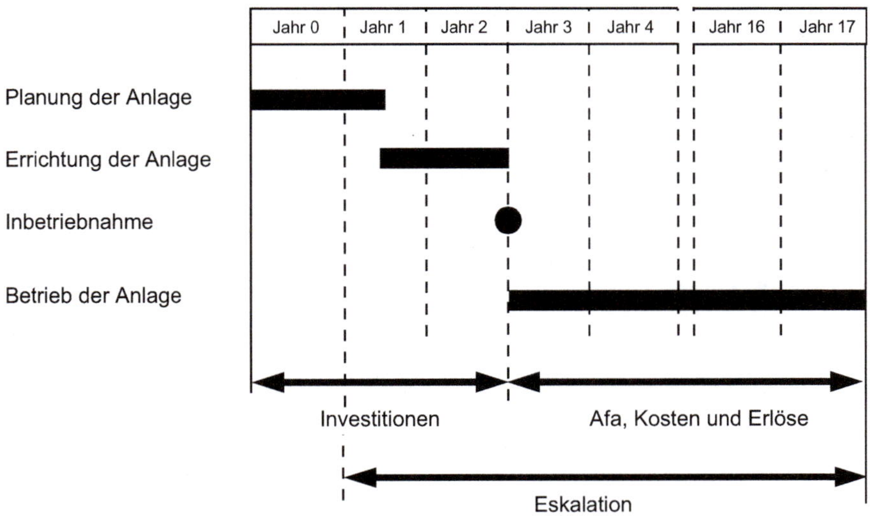

Bild 11.9 Übersichtsterminplan zur Einordnung der Aktivitäten in die dcf-Rechnung

Die Berechnungsschritte werden exemplarisch für einen Wasserstoffpreis von $E_{H_2} = 8\,€/\text{kg}$ für das Jahr 3 vorgestellt.

Die Investitionen

Die gesamte Investitionssumme, die aufgrund des Zeitbedarfs für Planung und Errichtung auf drei Jahre verteilt wird, ist zunächst nicht eskaliert.

$$I = I_0 P_{el} = 620 \text{ €} / \text{kW } 1000 \text{ kW} = 620 \text{ T€}$$

Diese Investitionssumme wird auf drei Jahre verteilt (20 %, 30 %, 50 %). Die jährliche Preissteigerung von 2 %/a wird nun berücksichtigt. Die daraus folgenden Investitionszahlungen sind:

Im Jahr 0 davon 20 % der mit $(1+0{,}02)^0$ eskalierten Investitionssumme: 124 T€

Im Jahr 1 davon 30 % der mit $(1+0{,}02)^1$ eskalierten Investitionssumme: 190 T€

Im Jahr 2 davon 50 % der mit $(1+0{,}02)^2$ eskalierten Investitionssumme: 323 T€

Die Erlöse

Die Erlöse teilen sich auf in einen Teil durch den Verkauf von Treibhausgaszertifikaten und in einen Teil durch den Verkauf des erzeugten Wasserstoffs.

1. Erlöse durch den Zertifikatehandel.

   Die Masse an vermiedenen Treibhausgasen (CO_2) muss bestimmt werden.

   $$m = m_{CO_2} \dot{V}_n H_{s,n} b_{ha}$$

   $$m = 183 \cdot 10^{-3} \frac{\text{kg CO}_2}{\text{kWh}} 209 \frac{\text{m}^3}{\text{h}} 3{,}54 \frac{\text{kWh}}{\text{m}^3} 3000 \frac{\text{h}}{\text{a}} = 406 \frac{\text{t CO}_2}{\text{a}}$$

   Der im Jahr 0 durch den Zertifikatehandel erwirtschaftete Erlös ist:

   $$E_Z = m E_{Z0}$$

   $$E_Z = 406 \text{ t CO}_2 / \text{a } 80 \text{ €} / (\text{t CO}_2) = 32 \text{ T€} / \text{a}$$

   Im Jahr 3 muss die Eskalation berücksichtigt werden:

   $$E_{Z,\text{Jahr3}} = E_Z (1+e)^t$$

   $$E_{Z,\text{Jahr3}} = 32 \text{ T€} / \text{a } 1{,}02^3 = 34 \text{ T€} / \text{a}$$

2. Erlöse durch den Verkauf des Wasserstoffs

   Beispielhaft für einen spezifischen Verkaufserlös von $E_{H_2} = 8 \text{€} / \text{kg}$ im Jahr 3 ist der Verkaufserlös:

   $$E_V = \dot{V}_n \varrho_n b_{ha} E_{H_2} (1+e)^3$$

   $$E_V = 209 \frac{\text{m}^3}{\text{h}} 0{,}08989 \frac{\text{kg}}{\text{m}^3} 3000 \frac{\text{h}}{\text{a}} \ 0{,}008 \frac{\text{T€}}{\text{kg}} 1{,}02^3 = 478 \text{T€} / \text{a}$$

Die Kosten

Die nicht eskalierten Kosten setzten sich aus den Energiebezugskosten und den Kosten für Personal, Wartung und Instandhaltung sowie sonstigen Kosten zusammen:

$$K = P_{\mathrm{el}} b_{\mathrm{ha}} P_{\mathrm{e}} + I P_0$$

$$K = 1\ \mathrm{MW}\ 3000 \frac{\mathrm{h}}{\mathrm{a}}\ 0{,}105 \frac{\mathrm{T€}}{\mathrm{MWh}} + 620\ \mathrm{T€}\ 0{,}045 \frac{1}{\mathrm{a}} = 343\ \mathrm{T€/a}$$

Um die Degradation δ ab dem Jahr 3 und die Preissteigerung (Eskalation) zu berücksichtigen, wird folgender Ansatz gewählt:

$$K_t = K(1+\delta)^{t-3}(1+e)^t$$

$$K_{\mathrm{Jahr3}} = K(1+\delta)^{3-3}(1+e)^3 = 343\ \mathrm{T€/a}\ 1{,}02^3 = 364\ \mathrm{T€/a}$$

Die Abschreibungen

Die ab dem Zeitpunkt der Inbetriebnahme (Jahr 3) steuerlich wirksamen linearen Abschreibungen *Afa* werden über 15 Jahre ermittelt. Basis sind die eskalierten Investitionen.

$$Afa = \frac{\sum_{t=0}^{2} I_0 (1+e)^t}{15\mathrm{a}}$$

$$Afa = \frac{124\ \mathrm{T€} \cdot 1{,}02^0 + 186\ \mathrm{T€} \cdot 1{,}02^1 + 310\ \mathrm{T€} \cdot 1{,}02^2}{15\ \mathrm{a}} = 42\ \mathrm{T€}$$

Der Gewinn vor Steuern

Für das Jahr 3 kann der Gewinn vor Steuern aus den zuvor ermitteln Werten zusammengestellt werden:

$$G_{\mathrm{vSt}_{\mathrm{Jahr3}}} = E_{\mathrm{Jahr3}} - K_{\mathrm{Jahr3}} - Afa$$

$$G_{\mathrm{nSt}_{\mathrm{Jahr3}}} = (34\ \mathrm{T€/a} + 478\ \mathrm{T€/a}) - 364\ \mathrm{T€/a} - 42\ \mathrm{T€/a} = 106\ \mathrm{T€/a}$$

Die Steuern

Die Steuern des Unternehmens im Jahr 3 werden mit einem pauschalen Steuersatz von 30 % auf den Gewinn vor Steuern erhoben.

$$St = 0{,}3 G_{\mathrm{vSt}_{\mathrm{Jahr3}}}$$

$$St = 106\ \mathrm{T€/a}\ 0{,}3 = 32\ \mathrm{T€/a}$$

Der Gewinn nach Steuern

Für das Jahr 3 kann der Gewinn nach Steuern berechnet werden:

$$G_{\mathrm{nSt}_{\mathrm{Jahr3}}} = G_{\mathrm{vSt}_{\mathrm{Jahr3}}} - St$$

$$G_{\mathrm{nSt}_{\mathrm{Jahr3}}} = 106\ \mathrm{T€/a} - 32\ \mathrm{T€/a} = 74\ \mathrm{T€/a}$$

Der Netto-Cash-Flow

Der Netto-Cash-Flow beinhaltet den Gewinn vor Steuern und die Abschreibungen.

$$NCF_{\text{Jahr3}} = G_{\text{nSt}_{\text{Jahr3}}} + Afa_{\text{Jahr 3}}$$

$$NCF_{\text{Jahr3}} = 74 \text{ T€ / a} + 42 \text{ T€ / a} = 116 \text{ T€ / a}$$

Der diskontierte Cash-Flow

Der diskontierte Cash-Flow bei einem Kapitalzinsfuß i von 2 % und 100 % Eigenkapitalfinanzierung ist im Jahr 3:

$$dcf_{\text{Jahr3}} = \frac{NCF_{\text{Jahr3}}}{(1+i)^3}$$

$$dcf_{\text{Jahr3}} = \frac{116 \text{ T€ / a}}{1{,}02^3} = 109 \text{ T€ / a}$$

Wird die Rechnung für die Jahre 0 bis 17 durchgeführt, kann ein Netto-Barwert von $C_0 = 737$ T€ ermittelt werden. Nach den im Abschnitt 3 vorgestellten Kriterien ist das H_2-Projekt wirtschaftlich. Allerdings ist der oben beispielhaft eingeführte Wasserstoffpreis von $E_{H_2} = 8\,€ / \text{kg}$ nicht der gesuchte Grenzerlös, für den $C_0 = 0\,\text{T€}$ ist.

Dieser Grenzerlös ist nun iterativ zu bestimmen. Das Ergebnis ist $E_{H_2} = 6{,}75\,€ / (\text{kg H}_2)$.

Die folgende Zusammenstellung in Tabelle 11.4 zeigt die Vorgehensweise bei der dcf-Berechnung im Fall des Grenzerlöses.

Tabelle 11.4 dcf-Rechnung für einen Grenzerlös von 6,75 €/(kg H_2)

	Bezeichnung/Jahre	0	1	2	3	4	t	16	17	Σ
1	Eskalation	1	1,02	1,04	1,06	1,08		1,37	1,40	
2	Investition									
	Investition (esk.) (T€/a)	124	190	323						636
3	Erlöse (T€/a)									
	Zertifikate (esk.)				34	35		45	45	596
	H_2-Verkauf (esk.)				404	412		522	533	6985
	Erlöse gesamt (esk.)				438	447		567	578	7585
4	Kosten (T€/a)									
	Degradation				1	1,01		1,15	1,16	
	Kosten gesamt (esk)				364	375		536	551	6796
5	lineare Afa (T€/a)				42	42		42	42	636
6	Gewinn v. St. (T€/a)				32	30		-11	-15	149
7	Steuern (T€/a)				10	9		-3	-5	45

	Bezeichnung/Jahre	0	1	2	3	4	t	16	17	Σ
8	Gewinn n. St. (T€/a)				22	21		-8	-10	104
9	Netto-Cash-Flow (T€/a)	-124	-190	-323	64	63		34	32	104
10	Diskontierung	1	1,02	1,04	1,06	1,08		1,37	1,40	
11	dcf-Reihe (T€/a)	-124	-186	-310	60	58		25	23	0
12	Netto-Barwert (T€)	0								

Anmerkungen: 1) Grenzerlös für den Wasserstoffverkauf ist $E_{H_2} = 6{,}75\,€ / (\text{kg H}_2)$; 2) alle Werte auf die nächste Ganzzahl in T€ (in Worten Tausend €) gerundet

11.3 Aufgaben und Potenziale des Wasserstoffs

Wasserstoff kann im Verbund mit anderen Primärenergieträgern nach Abschnitt 4.1 bei der Wärmeversorgung eingesetzt werden. Das Gas übernimmt hierbei die Rolle eines Speicherfluids, das zur Abdeckung der Spitzenlast bei der Wärmeversorgung benötigt wird.

Welches Speichervolumen ist dabei erforderlich?

Aufgabe 23 behandelt dieses Thema.

Aufgabe 23

Aus Bild 4.2 in Abschnitt 4.1 wird die Größenordnung des Speichervolumens in GWh ermittelt. Die Fläche innerhalb des blauen Dreiecks stellt den Speicherbedarf W dar:

$$W = 0{,}5\left(920\ \text{MW} - 400\ \text{MW}\right)2300\ \text{h}/\text{a} = 598 \cdot 10^3\ \text{MWh}/\text{a} = 598\ \text{GWh}/\text{a}$$

Die Umrechnung von GWh in m³ erfolgt mithilfe des Brennwerts $H_{s,n}$ des Wasserstoffs in Tabelle 4.1 im Abschnitt 4.1.

$$V_{n,AGV} = \frac{W}{H_{s,n}}$$

$$V_{n,AGV} = \frac{598 \cdot 10^6\ \text{kWh}/\text{a}}{3{,}54\ \text{kWh}/\text{m}^3} = 169 \cdot 10^6\ \text{m}^3/\text{a} = 169\ \text{Mill. m}^3/\text{a}$$

In Aufgabe 24 wird untersucht, wie sich eine Beimischung von Wasserstoff zum Erdgas in einem Gasnetz auf die Treibhausgasemissionen auswirkt.

Aufgabe 24

Grundlage der Berechnung sind die spezifischen energetischen Kennzahlen in Tabelle 4.1 im Abschnitt 4.1 und die Formel 4.1 im Abschnitt 4.2. Die Mischung besteht aus Wasserstoff (1) und Erdgas (2).

Die Reduzierung der Treibhausgasemissionen

$$m_{CO_2} = \frac{y_1 H_{s,n_1} \cdot 183 \frac{g\ CO_2}{kWh}}{y_1 H_{s,n_1} + (1-y_1) H_{s,n_2}}$$

$$m_{CO_2} = \frac{0{,}15 \cdot 3{,}54 \frac{kWh}{m^3} 183 \frac{g\ CO_2}{kWh}}{0{,}15 \cdot 3{,}54 \frac{kWh}{m^3} + 0{,}85 \cdot 11{,}449 \frac{kWh}{m^3}}$$

$$m_{CO_2} = 9{,}47 \frac{g\ CO_2}{kWh}$$

Fazit ist, dass bei einer nur moderaten Zumischung von Wasserstoff in ein Gasnetz (Erdgas H) nur ein begrenzter Effekt an CO_2-Treibhausgaseinsparungen erzielt werden kann.

Der Energieanteil des Wasserstoffs

Zunächst wird der Energieinhalt des Mischgases aus H_2 (1) und Erdgas (2) berechnet. Die Vorgehensweise ist analog den Mischungsregeln im Abschnitt 2.1.7.

$$H_{s,n} = \sum_{i=1}^{n} y_i H_{s,n_i} = y_1 H_{s,n_1} + y_2 H_{s,n_2}$$

$$H_{s,n} = 0{,}15 \cdot 3{,}54 \frac{kWh}{m^3} + 0{,}85 \cdot 11{,}449 \frac{kWh}{m^3}$$

$$H_{s,n} = 10{,}263 \frac{kWh}{m^3}$$

Der Energieanteil des Wasserstoffs e_1 wird auf den gesamten Energieinhalt des Mischgases bezogen.

$$e_1 = \frac{y_1 H_{s,n_1}}{H_{s,n}}$$

$$e_1 = \frac{0{,}15 \cdot 3{,}54 \frac{kWh}{m^3}}{10{,}263 \frac{kWh}{m^3}} = 0{,}052 \equiv 5{,}2\%$$

11.4 Wasserstofferzeugung

Aufgabe 25 behandelt die Frage nach dem energetischen Aufwand einer Wasserstofferzeugung.

Aufgabe 25

Der jährliche Wasserstoffmassenstrom wird auf den stündlichen Wasserstoffmassenstrom je Stunde umgerechnet:

$$\dot{m} = \frac{10\ \text{kt} / \text{a}}{7000\ \text{h} / \text{a}} = \frac{10 \cdot 10^6\ \text{kg} / \text{a}}{7000\ \text{h} / \text{a}} = 1428{,}6\ \text{kg} / \text{h}$$

Gemeinsam mit der Dichte von Wasserstoff im Normzustand aus Tabelle 2.1 im Abschnitt 2.1, dem Wirkungsgrad aus der Aufgabenstellung und dem Brennwert des Wasserstoffs im Normzustand aus Tabelle 4.1 im Abschnitt 4.1 kann nun die erforderliche Erzeugungsleistung berechnet werden.

$$P = \frac{\dot{V}_\text{n} H_\text{s,n}}{\eta} = \frac{\dot{m} \dot{H}_{s,n}}{\varrho_\text{n} \eta}$$

$$P = \frac{1428{,}6\ \text{kg} / \text{h}\ 3{,}54\ \text{kWh} / \text{m}^3}{0{,}08989\ \text{kg} / \text{m}^3\ 0{,}7}$$

$$P = 80371{,}9\ \text{kW} = 80{,}4\ \text{MW}$$

Aufgabe 26 behandelt die Dampfreformierung und Fragen nach den benötigten Massen auf der Seite der Edukte und auf der Seite der Produkte. Hierzu zählt auch die Menge an freigesetztem Kohlendioxid.

Aufgabe 26

Aus Formel 5.1 und Formel 5.2 im Abschnitt 5.1 wird unter Berücksichtigung des molaren Anteils für jede Kohlenwasserstoffkomponente die Gesamtreaktionsgleichung der Dampfreformierung und die Massenbilanz zusammengestellt. Der Zusammenhang zwischen Stoffmenge, molare Masse und Masse ist in Formel 2.6 im Abschnitt 2.1 dargestellt. Spezifische Werte zur molaren Masse oder zur Dichte im Normzustand sind in Tabelle 2.1 im Abschnitt 2.1 und Tabelle 2.16 im Abschnitt 2.5 zu finden.

Reaktion zwischen Methan und Wasserdampf

$$y_{\text{CH}_4} \left(\text{CH}_4 + 2\text{H}_2\text{O} \right) \rightarrow y_{\text{CH}_4} \left(\text{CO}_2 + 4\text{H}_2 \right)$$

$$y_{\text{CH}_4} \left(n_{\text{CH}_4} M_{\text{CH}_4} + 2 n_{\text{H}_2\text{O}} M_{\text{H}_2\text{O}} \right) \rightarrow y_{\text{CH}_4} \left(n_{\text{CO}_2} M_{\text{CO}_2} + 4 n_{\text{H}_2} M_{\text{H}_2} \right)$$

$$0{,}85 \left(16{,}043\ \text{kg CH}_4 + 36{,}0304\ \text{kg H}_2\text{O} \right) \rightarrow 0{,}85 \left(44{,}01\ \text{kg CO}_2 + 8{,}0632\ \text{kg H}_2 \right)$$

$$13{,}637\ \text{kg CH}_4 + 30{,}626\ \text{kg H}_2\text{O} \rightarrow 37{,}409\ \text{kg CO}_2 + 6{,}854\ \text{kg H}_2$$

Reaktion Ethan und Wasserdampf

$$y_{C_2H_6}\left(C_2H_6+4H_2O\right)\rightarrow y_{C_2H_6}\left(2CO_2+7H_2\right)$$
$$y_{C_2H_6}\left(n_{C_2H_6}M_{C_2H_6}+4n_{H_2O}M_{H_2O}\right)\rightarrow y_{C_2H_6}\left(2n_{CO_2}M_{CO_2}+7n_{H_2}M_{H_2}\right)$$
$$0{,}09\left(30{,}069\text{ kg }C_2H_6+72{,}06\text{ kg }H_2O\right)\rightarrow 0{,}09\left(88{,}02\text{ kg }CO_2+14{,}111\text{ kg }H_2\right)$$
$$2{,}706\text{ kg }C_2H_6+6{,}485\text{ kg }H_2O\rightarrow 7{,}922\text{ kg }CO_2+1{,}270\text{ kg }H_2$$

Reaktion Propan und Wasserdampf

$$y_{C_3H_8}\left(C_3H_8+6H_2O\right)\rightarrow y_{C_3H_8}\left(3CO_2+10H_2\right)$$
$$0{,}05\left(44{,}096\text{ kg }C_3H_8+108{,}90\text{ kg }H_2O\right)\rightarrow 0{,}05\left(132{,}03\text{ kg }CO_2+20{,}158\text{ kg }H_2\right)$$
$$2{,}205\text{ kg }C_3H_8+5{,}405\text{ kg }H_2O\rightarrow 6{,}602\text{ kg }CO_2+1{,}008\text{ kg }H_2$$

Gesamtreaktion Erdgas und Wasserdampf

Für die Gesamtbilanz ist auf beiden Seiten der Mengenbilanz noch der Stickstoff zu addieren. Auf der Seite der Edukte wird der Stickstoff den Kohlenwasserstoffen zugeschlagen.

$$18{,}828\text{ kg Gas}+42{,}516\text{ kg }H_2O\rightarrow 51{,}933\text{ kg }CO_2+0{,}28\text{ kg }N_2+9{,}132\text{ kg }H_2$$

Aus dieser Gleichung können alle möglichen Relationen zwischen den beteiligten Edukten und Produkten abgeleitet werden. So beispielhaft auch das Massenverhältnis von eingesetztem Edukt Erdgas (1) zu dem Produkt Wasserstoff (2):

$$\frac{m_1}{m_2}=\frac{18{,}828\text{ kg Gas}}{9{,}132\text{ kg }H_2}=2{,}062\text{ kg Gas}/\left(\text{kg }H_2\right)$$

Über die Dichten im Normzustand gelangt man an das Volumenverhältnis von eingesetztem Erdgas (1) zu erzeugtem Wasserstoff (2).

$$\frac{V_{n,1}}{V_{n,2}}=\frac{m_1\varrho_{n,2}}{m_2\varrho_{n,1}}$$
$$\frac{V_{n,1}}{V_{n,2}}=2{,}062\text{ kg Gas}/\left(\text{kg }H_2\right)\frac{0{,}08989\text{ kg }H_2/\left(m^3\,H_2\right)}{0{,}78\text{ kg Gas}/\left(m^3\text{ Gas}\right)}$$
$$\frac{V_{n,1}}{V_{n,2}}=0{,}2376\frac{m^3\text{ Gas}}{m^3\,H_2}$$

Die freigesetzten CO_2-Mengen aus der Reaktion

Aus der Gesamtbilanz der Dampfreformierung und der Shiftreaktion folgt für die Menge an freigesetztem Kohlendioxid (3) im Verhältnis zur produzierten Masse an Wasserstoff (2):

$$\frac{m_3}{m_2} = \frac{51{,}933 \text{ kg CO}_2}{9{,}132 \text{ kg H}_2} = 5{,}687 \text{ kg CO}_2 / \left(\text{kg H}_2\right)$$

Die freigesetzten CO_2-Mengen aus der Beheizung der Reformerkolonne

Erdgas wird nicht nur als Edukt für die chemische Reaktion benötigt, sondern auch für die Beheizung der Reaktorrohre in der Reformerkolonne. Wenn für den Betrieb der SR-Anlage einschließlich Beheizung aller Aggregate $0{,}39 \frac{\text{m}^3 \text{ Gas}}{\text{m}^3 \text{ H}_2}$ eingesetzt wird, dann wird für die Beheizung benötigt:

$$\left(\frac{V_{n,1}}{V_{n,2}}\right)_B = 0{,}39 \frac{\text{m}^3 \text{ Gas}}{\text{m}^3 \text{ H}_2} - 0{,}2376 \frac{\text{m}^3 \text{ Gas}}{\text{m}^3 \text{ H}_2} = 0{,}1524 \frac{\text{m}^3 \text{ Gas}}{\text{m}^3 \text{ H}_2}$$

Die auf Kubikmeter Wasserstoff bezogene Heizgasmenge wird auf Kilogramm Wasserstoff bezogen:

$$\left(\frac{V_{n,1}}{m_2}\right)_B = \left(\frac{V_{n,1}}{V_{n,2}}\right)_B \frac{1}{\varrho_{n,2}}$$

$$\left(\frac{V_{n,1}}{m_2}\right)_B = 0{,}1524 \frac{\text{m}^3 \text{ Gas}}{\text{m}^3 \text{ H}_2} \frac{1}{0{,}08989 \text{ kg H}_2 / \left(\text{m}^3 \text{ H}_2\right)}$$

$$\left(\frac{V_{n,1}}{m_2}\right)_B = 1{,}695 \text{ m}^3 \text{ Gas} / \left(\text{kg H}_2\right)$$

Die je Kilogramm erzeugtem Wasserstoff zugeführte Energiemenge wird mit dem Brennwert des Erdgases nach Tabelle 4.1 im Abschnitt 4.1 bestimmt:

$$q = \left(\frac{V_{n,1}}{m_2}\right)_B H_{s,n_1}$$

$$q = 1{,}695 \frac{\text{m}^3 \text{ Gas}}{\text{kg H}_2} 11{,}449 \frac{\text{kWh}}{\text{m}^3 \text{ Gas}}$$

$$q = 19{,}406 \frac{\text{kWh}}{\text{kg H}_2}$$

Der durch Erdgas verursachte CO_2-Ausstoß (4) in die Atmosphäre beträgt je kWh 183 g. Dieser spezifische Wert kann auf die Beheizung der Reformerrohre bezogen werden.

$$\frac{m_4}{m_1} = q \, 183 \frac{\text{g CO}_2}{\text{kWh}}$$

$$\frac{m_4}{m_1} = 19{,}406 \frac{\text{kWh}}{\text{kg H}_2} 0{,}183 \frac{\text{kg CO}_2}{\text{kWh}}$$

$$\frac{m_4}{m_1} = 3{,}551 \frac{\text{kg CO}_2}{\text{kg H}_2}$$

Die freigesetzten CO_2-Mengen aus der Reaktion und der Beheizung der Reformerkolonne

Der gesamte CO_2-Ausstoß (5) setzt sich zusammen aus den Kohlendioxidmengen der chemischen Gesamtreaktion und aus dem emittierten Treibhausgas der Beheizung der Reformerrohre in der Reformerkolonne

$$\frac{m_5}{m_1} = \frac{m_3}{m_2} + \frac{m_4}{m_1}$$

$$\frac{m_5}{m_1} = 5{,}687 \frac{\text{kg CO}_2}{\text{kg H}_2} + 3{,}551 \frac{\text{kg CO}_2}{\text{kg H}_2}$$

$$\frac{m_5}{m_1} = 9{,}24 \frac{\text{kg CO}_2}{\text{kg H}_2}$$

Das in Aufgabe 26 behandelte chemische Verfahren wird in der nächsten Aufgabe 27 auf Effizienz geprüft.

Aufgabe 27

Der Effizienzgrad des SR-Verfahrens mit Erdgas ist grob das Verhältnis aus dem Energiegewinn über den erzeugten Wasserstoff zum Energieaufwand aus der Erdgasbereitstellung einschließlich der Bereitstellung von Prozessenergie. Die Brennwerte sind Tabelle 4.1 im Abschnitt 4.1 zu entnehmen.

Der Energiegewinn über den Wasserstoff

$$E_1 = H_{\text{s,n}} = 3{,}54 \text{ kWh} / \text{m}^3$$

Der Energieeinsatz über die Verwendung von Erdgas

Für den Betrieb der SR-Anlage einschließlich dem Beheizen aller Aggregate wird ein Erdgasverbrauch von $0{,}39 \frac{\text{m}^3 \text{ Gas}}{\text{m}^3 \text{ H}_2}$ unterstellt. Der Betrieb der Nebenaggregate (Pumpen, Kühler, Rechner u. v. m.) wird durch einen zusätzlichen Aufschlag in der Größenordnung von 20 % auf den Energieeinsatz berücksichtigt.

$$E_2 = 1{,}2 \cdot 0{,}39 \frac{\text{m}^3 \text{ Gas}}{\text{m}^3 \text{ H}_2} H_{\text{s,n}}$$

$$E_2 = 1{,}2 \cdot 0{,}39 \frac{\text{m}^3 \text{ Gas}}{\text{m}^3 \text{ H}_2} 11{,}449 \text{ kWh} / \left(\text{m}^3 \text{ Gas}\right) = 5{,}36 \text{ kWh} / \left(\text{m}^3 \text{ H}_2\right)$$

Die Obergrenze des Effizienzgrades oder Wirkungsgrades

$$\eta \leq \frac{3{,}54 \text{kWh} / \text{m}^3}{5{,}36 \text{kWh} / \text{m}^3} = 0{,}66$$

Die Aufgabe 28 behandelt die Thematik der in Deutschland jährlich zu erwartenden CO_2-Treibhausgasemissionen aus der Dampfreformierung, wenn die „graue" Wasserstoffproduktion auch in absehbarer Zukunft noch auf dem Niveau von 2018 bleibt.

Aufgabe 28

Jährliche Wasserstoffproduktion

Die Dichte des Wasserstoffs (1) im Normzustand ist Tabelle 2.1 im Abschnitt 2.1 zu entnehmen. Der Zusammenhang zwischen Masse, Volumen und Dichte ist in Formel 2.4 im Abschnitt 2.1.1 dargestellt.

$$V_{n,1} = 0{,}48 \cdot 19 \cdot 10^9 \text{ m}^3 / \text{a} = 9{,}12 \cdot 10^9 \text{ m}^3 / \text{a}$$

$$m_1 = V_{n,1} \varrho_{n,1}$$

$$m_1 = 9{,}12 \cdot 10^9 \text{ m}^3 / \text{a } 0{,}08989 \text{ kg} / \text{m}^3$$

$$m_1 = 8{,}2 \cdot 10^8 \text{ kg} / \text{a} = 820 \text{ kt} / \text{a}$$

Die jährliche Wasserstoffproduktion aus dem SR-Verfahren beträgt annähernd 820 kt/a.

Jährliche Kohlendioxidmengen aus der Dampfreformierung

Gemäß Lösung der Aufgabe 26 setzt sich der gesamte CO_2-Anfall der Dampfreformierung aus den Emissionen der chemischen Gesamtreaktion und aus der Beheizung der Reformerrohre in der Reformerkolonne zusammen.

$$\frac{m_2}{m_1} = 9{,}24 \frac{\text{kg CO}_2}{\text{kg H}_2}$$

Die gesamten CO_2-Mengen aus dem SR-Verfahren sind:

$$m_2 = m_1 \, 9{,}24 \frac{\text{kg CO}_2}{\text{kg H}_2} = 8{,}2 \cdot 10^8 \text{ kg H}_2 / \text{a } 9{,}24 \frac{\text{kg CO}_2}{\text{kg H}_2}$$

$$\text{m}_2 = 7{,}6 \text{ Mill. t} / \text{a}$$

Die jährliche Kohlendioxidfreisetzung aus dem SR-Verfahren in Deutschland beträgt ca. 7,6 Mill. t/a. Das entspricht etwa 1 % der jährlichen Treibhausgasemissionen in Deutschland in 2021 und ist keine vernachlässigbare Größe.

Die Lösung der Aufgabe 29 hilft bei der Beantwortung der Frage, wieviel Kohlenstoff bei der Anwendung der thermischen Pyrolyse zur Wasserstofferzeugung anfällt.

Aufgabe 29

Es geht um die thermische Pyrolyse mit dem Ausgangsstoff Methan. Die chemische Reaktionsgleichung ist Formel 5.3 im Abschnitt 5.1.2 zu entnehmen:

$$\mathrm{CH_4\,(g) \rightarrow C(s) + 2H_2\,(g)}$$

Die Massenbilanz lautet:

$$n_1 M_1 = n_2 M_2 + n_3 M_3$$

Die molaren Massen für Methan und Wasserstoff sind in Tabelle 2.1 im Abschnitt 2.1 enthalten.

$$16{,}043\ \mathrm{kg\ CH_4} \rightarrow 12{,}01\ \mathrm{kg\ C} + 2 \cdot 2{,}0158\ \mathrm{kg\ H_2}$$

$$\frac{m_2}{m_3} = \frac{12{,}01\ \mathrm{kg\ C}}{4{,}03\,\mathrm{kg\ H_2}} = 2{,}98\,\mathrm{kg\ C} / \left(\mathrm{kg\ H_2}\right)$$

Im Mittelpunkt der Aufgaben 30 bis 35 steht die Wasserelektrolyse.

Aufgabe 30

Die an der Reaktion beteiligten Edukte und Produkte nach Formel 5.4 im Abschnitt 5.2.1 sind Wasser (1), Wasserstoff (2) und Sauerstoff (3). Die molaren Massen sind in Tabelle 2.1 im Abschnitt 2.1 und in Tabelle 2.16 im Abschnitt 2.5 zu finden.

Die Massenbilanz der Wasserelektrolyse

$$n_1 M_1 \rightarrow n_2 M_2 + n_3 M_3$$

$$18{,}015\ \mathrm{kg\ H_2} \rightarrow 2{,}0158\ \mathrm{kg\ H_2} + \frac{1}{2} 31{,}999\ \mathrm{kg\ O_2}$$

Das Verhältnis des voll entsalzten Wassers (VE) als Edukt zur Masse des erzeugten Wasserstoffs ist:

$$\frac{m_1}{m_2} = \frac{18{,}015\ \mathrm{kg\ H_2O}}{2{,}0158\ \mathrm{kg\ H_2}} = 8{,}94\ \mathrm{kg\ H_2O} / \left(\mathrm{kg\ H_2}\right)$$

$$\frac{\left(V_1\right)_{\mathrm{VE}}}{m_2} = \frac{m_1}{m_2\,\varrho_1}$$

$$\frac{\left(V_1\right)_{\mathrm{VE}}}{m_2} = \frac{8{,}94\ \mathrm{kg\ H_2O}}{\mathrm{kg\ H_2} \cdot 1\ \mathrm{kg\ H_2O} / \left(1\ \mathrm{H_2O}\right)}$$

$$\frac{\left(V_1\right)_{\mathrm{VE}}}{m_2} = 8{,}94\ \mathrm{l\ H_2O} / \left(\mathrm{kg\ H_2}\right)$$

Aufgabe 31

Der erforderliche Mengenstrom an vollentsalztem Wasser

Es kann die Massenbilanz aus der Aufgabe 30 übernommen werden:

$$(\dot{m}_1)_{VE} = 8{,}94 \frac{kg\ H_2O}{kg\ H_2} \dot{m}_2$$

$$(\dot{m}_1)_{VE} = 8{,}94 \frac{kg\ H_2O}{kg\ H_2} \dot{V}_{n,2} \varrho_{n,2}$$

Mit $\varrho_{n,2}$ als Dichte des Wasserstoffs im Normzustand aus Tabelle 2.1 im Abschnitt 2.1 folgt für die erforderliche Menge an VE-Wasser:

$$(\dot{m}_1)_{VE} = 8{,}94 \frac{kg\ H_2O}{kg\ H_2} 30 \frac{m^3\ H_2}{h} 0{,}08989 \frac{kg\ H_2}{m^3\ H_2}$$

$$(\dot{m}_1)_{VE} = 24{,}11 \frac{kg\ H_2O}{h}$$

Die Wasserbilanz

Zum Gesamtmassenstrom $(\dot{m}_1)_{ges}$ an Wasser zählen der Wasserstrom aus dem Wassernetz und die Rückströme aus den Elektrolysezellen sowie die Wassermengen aus den Wasserabscheidern auf der Wasserstoff- und der Sauerstoffseite des Elektrolyseurs. Der Gesamtmassenstrom an Wasser entspricht den vollentsalzten Wassermengen $(\dot{m}_1)_{VE}$ und den wieder ins Wassernetz zurückgeführten Restwassermengen $(\dot{m}_1)_2$.

$$(\dot{m}_1)_{ges} = (\dot{m}_1)_{VE} + (\dot{m}_1)_2$$

$$\frac{(\dot{m}_1)_2}{(\dot{m}_1)_{ges}} = 0{,}54$$

Beide Gleichungen können zusammengeführt werden und der Gesamtmassenstrom an Wasser ist:

$$(\dot{m}_1)_{ges} = \frac{(\dot{m}_1)_{VE}}{1 - 0{,}54}$$

$$(\dot{m}_1)_{ges} = \frac{24{,}11 kg\ H_2O / h}{0{,}46} = 52{,}41\ kg\ H_2O / h$$

$$(\dot{V}_1)_{ges} = 52{,}41\ Liter\ H_2O / h$$

Die Anwendung thermodynamischer Regeln im Fall der Wasserelektrolyse ist Gegenstand der Aufgaben 32 und 33.

Aufgabe 32

Die Freie Reaktionsenthalpie soll für den Standardzustand auf zwei unterschiedlichen Wegen bestimmt werden.

Über den Satz von Hess

$$\Delta_R g^\ominus = \sum \nu \Delta_B g^\ominus (\text{Produkte}) - \sum \nu \Delta_B g^\ominus (\text{Edukte})$$

Die erforderlichen stoffspezifischen Werte sind in Tabelle 2.16 im Abschnitt 2.5 zu finden.

$$\Delta_R g^\ominus = 0 + \frac{1}{2} \cdot 0 - (-237{,}13\ \text{kJ/mol}) = 237{,}13\ \text{kJ/mol}$$

Über die thermodynamische Fundamentalgleichung

$$\Delta_R g^\ominus = \Delta_R h^\ominus - T^\ominus \Delta_R s^\ominus$$

Die Werte der Standardreaktionsenthalpie $\Delta_R h^\ominus$ und der Standardreaktionsentropie $\Delta_R s^\ominus$ sind in der Lösung der Aufgabe 20 zu finden.

$$\Delta_R g^\ominus = 285{,}83 \frac{\text{kJ}}{\text{mol}} - 298{,}15\ \text{K}\ 163{,}34 \cdot 10^{-3} \frac{\text{kJ}}{\text{mol K}}$$

$$\Delta_R g^\ominus = 237{,}13\ \text{kJ/mol}$$

Beide Berechnungsverfahren kommen zum gleichen Ergebnis.

Aufgabe 33

Die durch die Druckerhöhung auf $p = 21\,\text{bar}_a$ hervorgerufene Veränderung der Zellenspannung soll bestimmt werden. Dazu müssen im ersten Schritt die Partialdrücke für Wasserstoff (1) und Sauerstoff (2) ermittelt werden.

Die Partialdrücke

Zu diesem Zweck werden die Formeln aus Tabelle 2.9 im Abschnitt 2.1.7 und aus Tabelle 2.15 im Abschnitt 2.5 angewendet. Dies ist bereits beispielhaft in der Lösung zu Aufgabe 20 geschehen.

$$M = \sum_{i=1}^{n} y_i M_i$$

$$p_i = y_i p$$

Mit $y_2 = 1 - y_1$ folgt für den molaren Anteil von Wasserstoff (1)

$$y_1 = \frac{M - M_2}{M_1 - M_2} = 0{,}47$$

Der Partialdruck des Wasserstoffs ist $p_1 = 0{,}47 \cdot 21\ \text{bar} = 9{,}87\ \text{bar}$. Der Partialdruck des Sauerstoffs (2) ist dann $p_2 = 0{,}53 \cdot 21\ \text{bar} = 11{,}13\ \text{bar}$.

Die Auswirkung auf die Zellenspannung

Die bei Druckerhöhung wirksame Veränderung der Zellenspannung ΔU_z kann aus Formel 5.5 im Abschnitt 5.1 abgeleitet werden:

$$\Delta U_z(p) = \frac{R_m T}{zF} \sum \ln\left(\frac{p_i}{p^\Theta}\right)^{\nu_i}$$

$$\Delta U_z(p) = \frac{R_m T}{zF}\left[\ln\left(\frac{p_1}{p^\Theta}\right) + \frac{1}{2}\ln\left(\frac{p_2}{p^\Theta}\right)\right]$$

$$\Delta U_z(p) = \frac{8{,}314 \cdot 10^{-3}\,\text{kJ}/(\text{mol K})\,298{,}15\,\text{K}}{2 \cdot 96495\,\text{As}/\text{mol}}\left[\ln\left(\frac{9{,}87\,\text{bar}}{1\,\text{bar}}\right) + \frac{1}{2}\ln\left(\frac{11{,}13\,\text{bar}}{1\,\text{bar}}\right)\right]$$

$$\Delta U_z(p) = 44{,}88 \cdot 10^{-6}\,\frac{\text{kJ}}{\text{As}} = 44{,}88 \cdot 10^{-3}\,\frac{\text{J}}{\text{C}}$$

Die Umwandlung der Einheiten folgt den Ansätzen 1 C = As und 1V = J/C.

$$\Delta U_z(p) = 44{,}88 \cdot 10^{-3}\,\text{V} = 44{,}88 \cdot \text{mV}$$

Im Zentrum der beiden nächsten Aufgaben 34 und 35 stehen die verschiedenen Wirkungsgrade eines elektrolytischen Prozesses.

Aufgabe 34

Es werden zwei unterschiedliche Betriebsfälle betrachtet. Der benötigte Brennwert des Wasserstoffs im Normzustand $H_{s,n}$ ist Tabelle 4.1 im Abschnitt 4.1 zu entnehmen.

Betriebsfall 1

Da die auf das Jahr bezogene Benutzungsstundenzahl der nachgelagerten Wärmenutzung gleich der Benutzungsstundenzahl des elektrolytischen Prozesses, kann die Berechnung über die Leistung erfolgen.

$$\eta_{EL} = \frac{\left(\dot{V}_n H_{s,n}\right)_{H_2} + \dot{Q}_W}{\sum_i P_{el,i} + \dot{Q}_{th}}$$

$$\eta_{EL} = \frac{30\,\text{m}^3/\text{h}\;3{,}54\,\text{kWh}/\text{m}^3 + 22\,\text{kW}}{150\,\text{kW}} = 0{,}855$$

Betriebsfall 2

In diesem Betriebsfall wird über die Hälfte der Produktionszeit Wärme an einen nachgelagerten Prozess abgegeben. Daher wird die Berechnung über die geleistete Arbeit durchgeführt, da in dieser Gleichung die Betriebsstunden berücksichtigt werden.

$$\eta_{EL} = \frac{\left(V_n H_{s,n}\right)_{H_2} + Q_W}{\sum_i W_{el,i} + Q_{th}}$$

mit Q_{th} = 0 folgt

$$\eta_{EL} = \frac{\left(\dot{V}_n H_{s,n}\right)_{H_2} b_{h,\,Stack} + \dot{Q}_W b_{h,W}}{\sum_i P_{el,i} b_{h,Stack}}$$

$$\eta_{EL} = \frac{30\ m^3/h\ 3{,}54\ kWh/m^3\ 3000\ h/a + 22\ kW\ 1500\ h/a}{150\ kW\ 3000\ h/a}$$

$$\eta_{EL} = 0{,}781$$

Aufgabe 35

Es sollen für die PEM-Elektrolyseanlage aus der Aufgabenstellung 34 die Stack-Wirkungsgrade ermittelt werden. Die hierfür erforderlichen Rechenregeln sind in Tabelle 5.1 im Abschnitt 5.2.1 zu finden.

Spannungswirkungsgrad

Bei der Bestimmung des Spannungswirkungsgrades wird die thermoneutrale Spannung U_{th} von 1,48 V auf die tatsächliche Zellenspannung U_z bezogen.

$$\eta_V = \frac{U_{th}}{U_z} = \frac{1{,}48\,V}{1{,}70\,V} = 0{,}871$$

Der Gesamtwirkungsgrad der Elektrolysestacks

$$\eta_{DC} = \left[\frac{\left(\dot{V}_n H_{s,n}\right)_{H_2}}{P_{el}}\right]_{Zelle,Stack}$$

$$\eta_{DC} = \frac{30\ m^3/h\ 3{,}54\ kWh/m^3}{150\ kW} = 0{,}708$$

Der Faraday-Wirkungsgrad

Der Faraday-Wirkungsgrad η_F kann mit dem Spannungswirkungsgrad η_V und dem Gesamtwirkungsgrad der Elektrolysestacks η_{DC} bestimmt werden:

$$\eta_F = \frac{\eta_{DC}}{\eta_V}$$

$$\eta_F = \frac{0{,}708}{0{,}871} = 0{,}813$$

In den nächsten drei Aufgaben 36 bis 38 geht es um die biologische Wasserstoffproduktion.

Aufgabe 36

Zur Beantwortung der beiden gestellten Fragen werden die Dichte im Normzustand ϱ_n aus Tabelle 2.1 im Abschnitt 2.1 und der Brennwert im Normzustand $H_{s,n}$ aus Tabelle 4.1 im Abschnitt 4.1 benötigt. Grundlage der Berechnung ist Formel 5.6 im Abschnitt 5.2.2.

Das jährliche Wasserstoffvolumen

$$E = V_n H_{s,n} \rightarrow V_n = \frac{E}{H_{s,n}}$$

$$V_n = \frac{1 \cdot 10^9 \text{ kWh / a}}{3{,}54 \text{ kWh / m}^3} = 282{,}49 \cdot 10^6 \text{ m}^3 \text{ / a} = 282{,}49 \text{ Mill. m}^3 \text{ / a}$$

Die jährliche Wasserstoffmasse

$$m = V_n \varrho_n$$

$$m = 282{,}49 \cdot 10^6 \text{ m}^3 \text{ / a } 0{,}08989 \text{ kg / m}^3 = 25{,}39 \cdot 10^6 \text{ kg / a} = 25{,}39 \text{ kt / a}$$

Gegenstand der Aufgabe 37 ist die biologische Wasserstofferzeugungsmethode der Photofermentation.

Aufgabe 37

Basis der Berechnungen ist die chemische Reaktionsgleichung in Formel 5.7 vom Abschnitt 5.2.2. Die molaren Massen von Wasser (2), Kohlendioxid (3) und Wasserstoff (4) sind in Tabelle 2.1 im Abschnitt 2.1 und in Tabelle 2.16 im Abschnitt 2.5 zu finden. Gesucht ist die Höhe des Biomasseeintrages (BM) (1).

Die Massenbilanz

$$n_1 M_1 + n_2 M_2 \rightarrow n_3 M_3 + n_4 M_4$$

$$180{,}15 \text{ kg BM} + 6 \cdot 18{,}015 \text{ kg H}_2\text{O} \rightarrow 6 \cdot 44{,}01 \text{ kg CO}_2 + 12 \cdot 2{,}0158 \text{ kg H}_2$$

Benötigt wird das Verhältnis aus Biomasse und Wasserstoff.

$$\frac{m_1}{m_4} = \frac{180{,}15 \text{ kg BM}}{24{,}19 \text{ kg H}_2} = 7{,}45 \text{ kg BM} / \left(\text{kg H}_2\right)$$

Die Energiebilanz

Um jährlich 1 TWh Energie mit dem Energieträger Wasserstoff bereitzustellen, ist nach Aufgabe 36 eine jährliche Wasserstoffproduktionsmenge von 25,4 kt/a erforderlich. Der dabei erforderliche Biomasseeintrag ist:

$$m_1 = 7{,}45 \frac{\text{kg BM}}{\text{kg H}_2} 25{,}4 \cdot 10^6 \frac{\text{kg H}_2}{\text{a}} = 189{,}2 \cdot 10^6 \text{ kg BM / a} = 189{,}2 \text{ kt BM / a}$$

Im Mittelpunkt der Aufgabe 38 steht das Verfahren der dunklen Fermentation.

Aufgabe 38

Um die Aufgabenstellung zu erfüllen, muss die tägliche Wasserstoffproduktion in kg/d umgerechnet werden. Molare Masse, Dichte im Normzustand und die spezielle Gaskonstante sind Tabelle 2.1 im Abschnitt 2.1 und Tabelle 2.16 im Abschnitt 2.5 zu entnehmen. Grundlage ist die chemische Reaktionsgleichung der dunklen Fermentation in Formel 5.8 im Abschnitt 5.2.2.

Die tägliche Wasserstoffproduktion

Der Zusammenhang zwischen Masse und Volumen über die Dichte ist den Formeln 2.4 und 2.9 in den Abschnitten 2.1.1 und 2.1.2 zu entnehmen.

$$pV = zmRT$$

$$m = \frac{pV}{zRT} = \frac{1 \cdot 10^5 \text{ kg}/\left(\text{m s}^2\right) 0{,}047 \text{ m}^3/\text{d}}{1.0006 \cdot 4124{,}5 \text{ m}^2/\left(\text{s}^2 \text{ K}\right) 331{,}15 \text{ K}}$$

$$m = 3{,}44 \cdot 10^{-3} \text{ kg}/\text{d}$$

Die Massenbilanz

Produkte sind Biomasse (BM) (1) und Wasser (2), Edukte sind Essigsäure (3), Kohlendioxid (4) und Wasserstoff (5).

$$n_1 M_1 + n_2 M_2 \rightarrow n_3 M_3 + n_4 M_4 + n_5 M_5$$
$$180{,}15 \text{ kg BM} + 36{,}03 \text{ kg H}_2\text{O} \rightarrow 120.10 \text{ kg CH}_4\text{COOH} + 88{,}02 \text{ kg CO}_2 + 8{,}06 \text{ kg H}_2$$

Benötigt wird das Verhältnis aus Biomasse und Wasserstoff.

$$\frac{m_1}{m_5} = \frac{180{,}15 \text{ kg BM}}{8{,}06 \text{ kg H}_2} = 22{,}35 \text{ kg BM}/\left(\text{kg H}_2\right)$$

Um täglich $3{,}44 \cdot 10^{-3}$ kg/d Wasserstoff mit dem Verfahren der dunklen Fermentation mit einem Umsetzungsgrad $\eta = 0{,}35$ zu produzieren, ist dieser tägliche Biomasseeintrag erforderlich:

$$m_1 = \frac{22{,}35 \text{ kg BM}/\left(\text{kg H}_2\right) 3{,}44 \cdot 10^{-3} \text{ kg H}_2/\text{d}}{0{,}35}$$

$$m_1 = 0{,}22 \text{ kg BM}/\text{d}$$

11.5 Wasserstofftransport durch Leitungen

Aufgabe 39 behandelt die Berechnung des Druckverlustes in einer Rohrleitung unter den Bedingungen der raumveränderlichen Fortleitung von Wasserstoff. Das Ergebnis wird in Abschnitt 11.5 mit der Softwarelösung von PSIGanesi verglichen und dem Ergebnis einer Erdgasströmung gegenübergestellt.

Aufgabe 39

Die Berechnung wird in zwei Berechnungsintervallen vollzogen. Dabei wird zunächst im ersten Berechnungsintervall ideales Gasverhalten vorausgesetzt, was durch die Indexziffer i symbolisiert wird. Es werden die Formel nach Tabelle 6.1 im Abschnitt 6.1 angewendet. Bei der Bestimmung der Rohrreibungszahl ist nachzuweisen, dass die betreffende Gleichung angewendet werden kann.

Der Betriebsvolumenstrom

$$\dot{V}_{1i} = \dot{V}_n \frac{p_n}{p_1} \frac{T_1}{T_n}$$

$$\dot{V}_{1i} = 20000 \text{ m}^3/\text{h} \frac{1{,}01325 \text{ bar } 285{,}15 \text{ K}}{21 \text{ bar } 273{,}15 \text{ K}} = 1007{,}39 \text{ m}^3/\text{h}$$

Die Strömungsgeschwindigkeit

Mit einem Innendurchmesser der Rohrleitung $d_i = d_a - 2s = 343{,}0\,mm$ folgt für die Strömungsgeschwindigkeit:

$$w_{1i} = \frac{4\dot{V}_{1i}}{\pi d_i^2}$$

$$w_{1i} = \frac{4 \cdot 1007{,}4 \text{ m}^3/\text{h}}{3600 \text{ s/h } \pi \; 0{,}343^2 \text{ m}^2} = 3{,}03 \text{ m/s}$$

Die Betriebsdichte

$$\varrho_{1i} = \varrho_n \frac{p_1}{p_n} \frac{T_n}{T_1}$$

$$\varrho_{1i} = 0{,}08989 \text{ kg/m}^3 \frac{21 \text{ bar } 273{,}15 \text{ K}}{1{,}01325 \text{ bar } 285{,}15 \text{ K}} = 1{,}785 \text{ kg/m}^3$$

Die Reynoldszahl und die Strömungsform

$$R_e = \frac{w_{1i} d_i \varrho_{1i}}{\eta}$$

$$R_e = \frac{3{,}03 \text{ m/s } 0{,}343 \text{ m } 1{,}785 \text{ kg/m}^3}{8{,}377 \; 10^{-6} \text{ kg/(m s)}} = 2{,}21 \cdot 10^5$$

Zur Bestimmung der Strömungsform sind zwei weitere Rechenschritte notwendig:

$$R_e \cdot k / d_i = 2{,}21 \cdot 10^5 \, \frac{0{,}1\,\text{mm}}{343\,\text{mm}} = 64{,}4$$

Die Strömungsform ist turbulent und hydraulisch glatt. Zur Bestimmung der Rohrreibungszahl λ kann die Formel von Nikuradse in Tabelle 6.1 im Abschnitt 6.1 angewendet werden. Dabei die Anmerkung 3) in der Tabellenlegende bitte beachten.

Die Rohrreibungszahl

$$\lambda = 0{,}0032 + 0{,}221 R_e^{-0{,}237}$$

$$\lambda = 0{,}0032 + 0{,}221 \cdot \left(2{,}21 \cdot 10^5\right)^{-0{,}237} = 0{,}015$$

Der Druck am Ausgang der Rohrleitung bei idealem Gaszustand

$$p_2 = p_1 \sqrt{1 - \lambda \frac{L}{d_i} \frac{\varrho_{1i}}{p_1 / \text{Pa}} w_{1i}^2}$$

$$p_2 = 21\ \text{bar}_a \sqrt{1 - 0{,}015 \frac{70000\ \text{m}}{0{,}343\ \text{m}} \frac{1{,}785\ \text{kg} / \text{m}^3}{2100000\ \text{kg} / \left(\text{m s}^2\right)} \left(3{,}03 \frac{\text{m}}{\text{s}}\right)^2}$$

$$= 20{,}75\ \text{bar}_a$$

Da es sich um einen realen Gaszustand handelt, erfolgt die Korrektur über die Realgaszahl.

Der integrale mittlere Druck über der gesamten Rohrleitungsstrecke

$$p_m = \frac{2}{3} \left(\frac{p_1^3 - p_2^3}{p_1^2 - p_2^2} \right)$$

$$p_m = \frac{2}{3} \left(\frac{21^3 \text{bar}^3 - 20{,}75^3 \text{bar}^3}{21^2 \text{bar}^2 - 20{,}75^2 \text{bar}^2} \right) = 20{,}88\ \text{bar}$$

Die Realgaszahl und die Kompressibilitätszahl

Die Realgaszahl z_m für den integralen mittleren Druck p_m und für die Temperatur des Wasserstoffs T_1 wird unter Zuhilfenahme des Sekantennäherungsverfahrens (Regula Falsi) bestimmt.

Datenbasis ist Tabelle 6.2 in Abschnitt 6.1. Um innerhalb des Temperaturintervalls von $T = 273$ K bis $T = 298$ K und bei einem Absolutdruck von $p = 10\,\text{bar}_a$ und $p = 100\,\text{bar}_a$ die Realgaszahl z für die Temperatur $T = 285$ K zu ermitteln, wird Formel 6.1 im Abschnitt 6.1 angewendet.

$$z^{285\text{ K}} = z^{273\text{ K}} + \frac{z^{298\text{ K}} - z^{273\text{ K}}}{298\text{ K} - 273\text{ K}}(285\text{ K} - 273\text{ K})$$

$$p = 10\text{ bar}_a$$

$$z^{285\text{ K}} = 1{,}0062 + \frac{1{,}0059 - 1{,}0062}{25\text{ K}} 12\text{ K} = 1{,}0061$$

$$p = 100\,\text{bar}_a$$

$$z^{285\text{ K}} = 1{,}0638 + \frac{1{,}0601 - 1{,}0638}{25\text{ K}} 12\text{ K} = 1{,}062$$

Um innerhalb des Druckintervalls von $p = 10\,\text{bar}_a$ bis $p = 100\,\text{bar}_a$ und bei einer Temperatur $T = 285$ K die dynamische Viskosität η für den Druck $p = 20{,}88\,\text{bar}_a$ zu ermitteln, wird Formel 6.2 im Abschnitt 6.1 angewendet.

$$T = 285\text{ K}; p = 20{,}88\text{ bar}_a$$

$$z^{20,88\text{ bar}_a} = z^{10\text{ bar}_a} + \frac{z^{100\text{ bar}_a} - z^{10\text{ bar}_a}}{100\text{ bar}_a - 10\text{ bar}_a}(20{,}88\text{ bar}_a - 10\text{ bar}_a)$$

$$z_m = z^{20,88\text{ bar}_a} = 1{,}0061 + \frac{1{,}062 - 1{,}0061}{90\text{ bar}_a} 10{,}88\,\text{bar}_a = 1{,}0129$$

$$K_m = \frac{z_m}{z_n} = \frac{1{,}0129}{1{,}0006} = 1{,}012$$

Der Druck am Ausgang der Rohrleitung bei realem Gaszustand

$$p_2 = p_1 - \Delta p_r = p_1 \sqrt{1 - \lambda \frac{L}{d_i} \frac{\varrho_{1i}}{p_1 / \text{Pa}} w_{1i}^2 K_m}$$

$$p_2 = 21\text{ bar}_a \sqrt{1 - 0{,}015 \frac{70000\text{ m}}{0{,}343\text{ m}} \frac{1{,}785\text{ kg / m}^3}{2100000\text{ kg / }(\text{m s}^2)} \left(3{,}03 \frac{\text{m}}{\text{s}}\right)^2 1{,}012}$$

$$p_2 = 20{,}74\,\text{bar}_a$$

Der reale Druckverlust entlang der gesamten Rohrleitungslänge

$$\Delta p_r = p_1 - p_2 = 21\text{ bar}_a - 20{,}74\text{ bar}_a = 0{,}26\text{ bar}$$

Die Lösung der Aufgabenstellung mit PSIGanesi

Die Aufgabestellung kann auch mit der Netzberechnungssoftware PSIGanesi gelöst werden. Tabelle 11.5 zeigt im Vergleich für H_2, CH_4 und Erdgas H die Ergebnisse für die Strömungsgeschwindigkeit und den realen Druckverlust. Fazit ist, dass bei gleichen Betriebsbedingungen aufgrund der erheblichen Unterschiede bei der Gasdichte der Druckverlust beim Wasserstoff erheblich unter den Werten für reines Methan und Erdgas H liegt.

Tabelle 11.5 Druckverlustberechnung mit Netzberechnungssoftware PSIGanesi

Größe	Einheit	Wasserstoff	Methan	Erdgas
Strömungsgeschwindigkeit	m/s	3,07	3,221	3,254
Druckverlust	bar	0,25	1,99	2,18

Anmerkungen: Leitungslänge L = 70 km; Innendurchmesser d_i = 343 mm (DN 350); Rohrrauigkeit k = 0,1 mm, Volumenstrom im Normzustant konstant $\dot{V}_n = 20000\,\mathrm{m}^3/\mathrm{h}$

Einen Vergleich der erforderlichen Verdichterleistungen und der notwendigen Kühlleistungen bei der jeweiligen Einspeisung in ein nachgelagertes Transportnetz liefert die Aufgabe 40.

Aufgabe 40

Grundlage der Berechnungen sind die Formeln in Tabelle 6.3 im Abschnitt 6.2. Die Dichte und der Brennwert im Normzustand sind Tabelle 2.1 und Tabelle 4.1 in den Abschnitten 2.1 und 4.1 zu entnehmen.

Die ausgeführten Berechnungen beziehen sich auf das Fluid Wasserstoff.

Die isentrope, technische Verdichterarbeit

$$w_{t23} = \overline{c}_{p23} T_2 z_2 \left[\left(\frac{p_3}{p_2}\right)^{\frac{\kappa-1}{\kappa}} - 1\right]$$

$$w_{t23} = 14{,}448 \frac{\mathrm{kJ}}{\mathrm{kg\,K}} 285{,}15\ \mathrm{K}\ 1{,}013 \left[\left(\frac{61}{21}\right)^{\frac{1{,}41-1}{1{,}41}} - 1\right]$$

$$w_{t23} = 1517{,}14\ \mathrm{kJ/kg}$$

Die Temperatur im Verdichterausgang

$$T_3 = T_2 \left(\frac{p_3}{p_2}\right)^{\frac{\kappa-1}{\kappa}}$$

$$T_3 = 285{,}15\ \mathrm{K} \left(\frac{61}{21}\right)^{\frac{1{,}41-1}{1{,}41}} = 388{,}81\ \mathrm{K}$$

Der Volumenstrom

Die Berechnung des Volumenstroms im Normzustand erfolgt über die Energieleistung $\dot{E}$ und über den Brennwert des Wasserstoffs im Normzustand mit

$$\dot{V}_n = \frac{\dot{E}}{H_{s,n}} = \frac{70800\ \mathrm{kW}}{3{,}54\ \mathrm{kWh/m^3}} = 20000\ \mathrm{m^3/h}$$

Die Kupplungsleistung des Verdichters

$$P_{23} = \frac{\dot{V}_n \varrho_n w_{t23}}{\eta_{ges}}$$

$$P_{23} = \frac{20000 \text{ m}^3 / \text{h } 0{,}08989 \text{ kg} / \text{m}^3 \text{ } 1517{,}14 \text{ kJ} / \text{kg}}{3600 \text{ s} / \text{h } 0{,}7}$$

$$P_{23} = 1082 \text{ kW} \approx 1 \text{ MW}$$

Die Kühlleistung

$$\dot{Q}_{34} = \dot{V}_n \varrho_n \bar{c}_{p_{34}} \left(T_3 - T_4\right)$$

$$\dot{Q}_{34} = \frac{20000 \text{ m}^3 / \text{h } 0{,}08989 \text{ kg} / \text{m}^3 \text{ } 14{,}542 \text{ kJ} / (\text{kg K}) (388{,}81 \text{ K} - 323{,}15 \text{ K})}{3600 \text{ s} / \text{h}}$$

$$\dot{Q}_{34} = 477 \text{ kW}$$

In der nachfolgenden Tabelle sind auch die Ergebnisse für Erdgas zu finden. Zu ihrer Ermittlung werden die Formeln aus Tabelle 6.3 Abschnitt 6.2 mit den stoffspezifischen Werten für Erdgas aus der Aufgabenstellung angewendet.

Tabelle 11.6 Berechnungsergebnisse von Verdichter und Kühler

Größe	Einheit	Wasserstoff	Erdgas
Isentrope, technische Verdichterarbeit	kJ/kg	1517	174
Temperatur im Verdichterausgang	°C	116	94
Volumenstrom	m³/h	20000	6184
Kupplungsleistung des Verdichters	kW	1082	332
Kühlleistung	kW	477	147

Fazit der Berechnungen ist, dass der energetische Aufwand zum Einspeisen in nachgelagerte Transportsysteme für Wasserstoff unter den verwendeten Randbedingungen erheblich höher ist als für Erdgas.

11.6 Fluidenergiemaschinen für Wasserstoff

Aufgabe 41 beschäftigt sich mit Kolbenverdichter.

Aufgabe 41

Grundlage der Berechnungen sind die Formeln in Tabelle 6. 3 im Abschnitt 6.2. Die stoffspezifischen Werte Dichte im Normzustand sind in der Tabelle 2.1 im Abschnitt 2.1 und Brennwert im Normzustand in der Tabelle 4.1 im Abschnitt 4.1 zu finden.

Die spezifische, isentrope Verdichterarbeit

$$w_{t12} = \overline{c}_{p12} T_1 z_1 \left[\left(\frac{p_2}{p_1} \right)^{\frac{\kappa-1}{\kappa}} - 1 \right]$$

$$w_{t12} = 14{,}471 \frac{\text{kJ}}{\text{kg K}} 298{,}15 \text{ K } 1{,}016 \left[\left(\frac{69}{29} \right)^{\frac{1{,}41-1}{1{,}41}} - 1 \right]$$

$$w_{t12} = 1256{,}6 \text{ kJ / kg}$$

Die produzierte Wasserstoffmenge

Je Stunde wird in der Elektrolyseanlage folgendes Wasserstoffvolumen produziert:

$$\dot{V}_n = \frac{P_{EL} \eta_{EL}}{H_{s,n}} = \frac{2000 \text{ kW } 0{,}72}{3{,}54 \text{ kWh / m}^3} = 406{,}78 \text{ m}^3 \text{ / h}$$

Die Kupplungsleistung des Verdichters

$$P_{23} = \frac{\dot{V}_n \varrho_n w_{t12}}{\eta_{ges}}$$

$$P_{23} = \frac{406{,}78 \text{ m}^3 \text{ / h } 0{,}08989 \text{ kg / m}^3 \text{ } 1256{,}6 \text{ kJ / kg}}{3600 \text{ s / h } 0{,}72}$$

$$P_{23} = 17{,}7 \text{ kW}$$

Die Ausgangstemperatur des Verdichters

$$T_2 = T_1 \left(\frac{p_2}{p_1} \right)^{\frac{\kappa-1}{\kappa}}$$

$$T_2 = 298{,}15 \text{ K} \left(\frac{69}{29} \right)^{\frac{1{,}41-1}{1{,}41}} = 383{,}62 \text{ K}$$

$$\vartheta_2 = 110{,}5 \,^\circ\text{C}$$

Die Wasserstoffversorgung einer Gasturbine ist das Thema von Aufgabe 42.

Aufgabe 42

Um die Frage nach dem Wasserstoffvolumenstrom als Brennstoffvolumenstrom zur Versorgung der Brennkammer zu beantworten, wird die Formel 7.1 im Abschnitt 7.2 und der Heizwert von H_2 aus Tabelle 4.1 aus Abschnitt 4.1 herangezogen.

Die Verdichterleistung P_K aus der Aufgabenstellung 40 beträgt maximal 1082 kW.

$$\dot{V}_{B,n} = \frac{P_K}{\eta_K H_{i,n}}$$

$$\dot{V}_{B,n} = \frac{1082 \text{ kW}}{0{,}38 \cdot 2{,}995 \text{ kWh} / \text{m}^3}$$

$$\dot{V}_{B,n} = 951 \text{ m}^3 / \text{h}$$

Mit einer im Transportsystem integrierten Expansionsanlage wird der Druck im Wasserstoffgas reduziert und Strom produziert. Im Ausgang des Expanders stellt sich eine tiefkalte Temperatur ein. Dies sind die Themen der Aufgabe 43.

Aufgabe 43

Die spezifische, isentrope Expansionsarbeit

$$w_{t_{12}}^{is} = c_{p_1} T_1 z_1 \left[1 - \left(\frac{p_2}{p_1} \right)^{\frac{\kappa-1}{\kappa}} \right]$$

$$w_{t_{12}}^{is} = 14{,}445 \frac{\text{kJ}}{\text{kg K}} 285{,}15 \text{ K} \cdot 1{,}042 \left[1 - \left(\frac{1{,}5}{69} \right)^{\frac{1{,}42-1}{1{,}42}} \right]$$

$$w_{t_{12}}^{is} = 2908{,}88 \text{ kJ} / \text{kg}$$

Die erzielbare, elektrische Leistung

$$P_{el} = \dot{V}_n \varrho_n w_{t_{12}}^{is} \eta$$

$$P_{el} = \frac{20000 \text{ m}^3 / \text{h } 0{,}08989 \text{ kg} / \text{m}^3 \ 2908{,}88 \text{ kJ} / \text{kg } 0{,}72}{3600 \text{ s} / \text{h}}$$

$$P_{el} = 1046 \text{ kW} \approx 1 \text{ MW}$$

Die erzielbare, elektrische Arbeit

$$E = P_{el} b_h$$

$$E = 1046 \text{ kW } 4500 \text{ h} / \text{a} = 4707 \text{ MWh} \approx 5 \text{ GWh}$$

Die Temperatur im Expanderausgang

$$T_2 = T_1 \left[1 - \eta_{is} + \eta_{is} \left(\frac{p_2}{p_1} \right)^{\frac{\kappa-1}{\kappa}} \right]$$

$$T_2 = 285{,}15 \text{ K} \left[1 - 0{,}8 + 0{,}8 \left(\frac{1{,}5}{69} \right)^{0{,}2958} \right] = 130{,}5 \text{ K}$$

$$\vartheta_2 = -142{,}6 °\text{C}$$

11.7 Verflüssigter Wasserstoff

Das Verhältnis der Volumina von Wasserstoff im gasförmigen und im verflüssigten Zustand und die in 1 m^3 flüssigem Gas vorhandene Energiemenge ist Gegenstand von Aufgabe 44.

Aufgabe 44

Der Brennwert im Normzustand ist Bestandteil von Tabelle 4.1 im Abschnitt 4.1. Die Dichte im Normzustand ist Tabelle 2.1 im Abschnitt 2.1 zu entnehmen.

Die Gasmasse und das Gasvolumens des Würfels im Normzustand

Die Bestimmung der Gasmasse *m* erfolgt über die Formel 2.4 im Abschnitt 2.1.1. Das betriebliche Volumen des verflüssigten Gases ist $V_s = 1\ \text{m}^3$

$$m = V_s \varrho_s = V_n \varrho_n = \text{const.}$$

Für das Gasvolumen im Normzustand wird abgeleitet:

$$V_n = V_s \frac{\varrho_s}{\varrho_n}$$

Für Wasserstoff bedeutet dies:

$$V_n = 1\ \text{m}^3 \frac{70{,}79\ \text{kg}/\text{m}^3}{0{,}08989\ \text{kg}/\text{m}^3} = 787{,}5\ \text{m}^3$$

Der Energieinhalt des Würfels

Es wird Formel 8.1 verwendet:

$$E = V_n H_{s,n}$$

$$E = 787{,}5\ \text{m}^3\ 3{,}54\ \text{kWh}/\text{m}^3$$

$$E = 2787{,}8\ \text{kWh} \approx 2{,}8\ \text{MWh}$$

Die Kantenlänge des Würfels

$$x = \sqrt[3]{V_n} = \sqrt[3]{787{,}5\ \text{m}^3} = 9{,}2\ \text{m}$$

11.8 Wasserstoffspeicher

Aufgabe 45 behandelt das Thema Größe des Tankvolumens in Fahrzeugen.

Aufgabe 45

Zunächst wird für die drei Treibstoffe H_2, CNG und Dieselkraftstoff der spezifische Energieverbrauch *e* in MJ je 100 km Fahrtstrecke ermittelt. Dafür werden die gravimetrischen Energiedichten aus Tabelle 9.1 im Abschnitt 9.1 benötigt.

Spezifischer Energieverbrauch für zurückgelegte Fahrtstrecke

Für den spezifischen Energieverbrauch *e* gilt allgemein:

$$e = m^{*}\, w_{g,s}$$

Wasserstoff (p = 700 bar$_ü$):

$$e = \frac{0{,}8\ \text{kg}\ H_2}{100\,\text{km}}\, 141{,}8\, \frac{\text{MJ}}{\text{kg}\ H_2} = 1{,}13\, \frac{\text{MJ}}{\text{km}}$$

Erdgas H (p = 200 bar$_ü$):

$$e = \frac{4{,}7\ \text{kg CNG}}{100\,\text{km}}\, 52{,}8\, \frac{\text{MJ}}{\text{kg CNG}} = 2{,}48\, \frac{\text{MJ}}{\text{km}}$$

Dieselkraftstoff:

$$e = 4{,}2\, \frac{\text{kg Diesel}}{100\,\text{km}}\, 45{,}6\, \frac{\text{MJ}}{\text{kg Diesel}} = 1{,}92\, \frac{\text{MJ}}{\text{km}}$$

Mithilfe der zuvor berechneten spezifischen Energieverbräuche und den aus Tabelle 9.1 im Abschnitt 9.1 ersichtlichen volumetrischen Energiedichten kann auf das Nettotankvolumen umgerechnet werden.

Spezifisches Nettotankvolumen je 100 km Fahrtstrecke

Für das spezifische Nettotankvolumen gilt allgemein:

$$v_{T,N} = \frac{e}{w_{v,s}}$$

Wasserstoff (p = 700 bar$_ü$):

$$v_{T,N} = \frac{1{,}13\ \text{MJ / km}}{5{,}7\ \text{MJ / l}} = 0{,}20\ \text{l / km}$$

Erdgas H (p = 200 bar$_ü$):

$$V_{T,N} = \frac{2{,}48 \text{ MJ / km}}{9{,}8 \text{ MJ / l}} = 0{,}25 \text{ l / km}$$

Dieselkraftstoff:

$$V_{T,N} = \frac{1{,}92 \text{ MJ / km}}{37{,}4 \text{ MJ / l}} = 0{,}05 \text{ l / km}$$

Aufgabe 46 hat die Verfolgung spezifischer Tankdaten eines Fahrzeuges, dass mit CGH_2 betankt wird, zum Inhalt. Die nachfolgenden Angaben werden zur Raumplanung des Fahrzeugs herangezogen.

Aufgabe 46

Die Dichte des Wasserstoffs im Normzustand ist in Tabelle 2.1 im Abschnitt 2.1 und der Heizwert des Wasserstoffs ist in Tabelle 4.1 im Abschnitt 4.1 zu finden. Die gravimetrische Energiedichte bezogen auf den Heizwert kann man der Tabelle 9.1 im Abschnitt 9.1 entnehmen.

Berechnung der Masse aus Wasserstoff und Tank

Zuerst wird die gesamte Masse aus dem Wasserstoffinhalt des Tanks und aus der Tankmasse bestimmt.

Zur Berechnung der Wasserstoffmasse wird die Betriebsdichte ϱ benötigt. Die Verknüpfung von Formel 2.5 im Abschnitt 2.1.1 im realen Betriebszustand und im Normzustand führt zu folgendem Ansatz:

$$\varrho = \varrho_n \frac{p}{p_n} \frac{T_n}{T} \frac{z_n}{z}$$

$$\varrho = 0{,}08989 \frac{\text{kg}}{\text{m}^3} \frac{701 \text{ bar}_a}{1{,}01325 \text{ bar}_a} \frac{273{,}15 \text{ K}}{298{,}15 \text{ K}} \frac{1{,}0006}{1{,}4513} = 39{,}28 \frac{\text{kg}}{\text{m}^3}$$

Zur Bestimmung der Masse wird Formel 2.4 im Abschnitt 2.1.1 herangezogen.

$$m = V_{T,N}\varrho$$

$$m = 0{,}1 \text{ m}^3\, 39{,}28 \text{ kg / m}^3 = 3{,}93 \text{ kg}$$

$$m_{ges} = \text{m} + m_T$$

$$m_{ges} = 3{,}93 \text{ kg} + 95 \text{ kg} = 98{,}93 \text{ kg}$$

Der auf den Heizwert bezogene Energieinhalt im Tank

$$W_{g.i} = m w_{g,i}$$

$$W_{g.i} = 3{,}93 \text{ kg}\; 120{,}0 \frac{\text{MJ}}{\text{kg}} = 471{,}60 \text{ MJ}$$

Die mit dem Tanksystem verbundene gravimetrische Energiedichte des Wasserstoffs

$$w^{*}_{g,i} = \frac{W_{g,i}}{m_{ges}}$$

$$w^{*}_{g,i} = \frac{471{,}60\ \text{MJ}}{98{,}93\ \text{kg}} = 4{,}77\ \text{MJ / kg}$$

Die mit dem Nettotankvolumen verbundene volumetrische Energiedichte des Wasserstoffs

$$w^{N}_{v,i} = \frac{W_{g,i}}{V_{T,N}}$$

$$w^{N}_{v,i} = \frac{471{,}60\ \text{MJ}}{100\ \text{l}} = 4{,}72\ \text{MJ / l}$$

Die mit dem Bruttotankvolumen verbundene volumetrische Energiedichte des Wasserstoffs

$$w^{B}_{v,i} = \frac{W_{g,i}}{V_{T,B}}$$

$$w^{B}_{v,i} = \frac{471{,}60\ \text{MJ}}{150\ \text{l}} = 3{,}14\ \text{MJ / l}$$

In Aufgabe 47 werden Kavernenbetriebsparameter bestimmt.

Aufgabe 47

Grundlage sind die Formeln in Tabelle 9.4 im Abschnitt 9.2. Die Realgaszahl des Wasserstoffs im Normzustand kann Tabelle 2.1 im Abschnitt 2.1 entnommen werden.

Der zulässige maximale Gasdruckgradient

$$G = \frac{p_{max}}{h_{RS}} = \frac{230\ \text{bar}}{1220\ \text{m}} = 0{,}189\ \text{bar / m}$$

Der Sicherheitsbeiwert bei der Festlegung des zulässigen maximalen Gasdruckgradienten

Der Bezugspunkt ist das Kavernendach mit h = 1240 m.

$$S = \frac{\sigma_p}{hG}$$

$$S = \frac{28{,}9\ \text{MPa}}{1240\ \text{m}\ 0{,}189\ \text{bar / m}} = \frac{289\ \text{bar}}{1240\ \text{m}\ 0{,}189\ \text{bar / m}}$$

$$S = 1{,}233$$

Die Temperatur im ungestörten Gebirge in Höhe der Kavernenmitte

$$T = 283{,}15\,\text{K} + \Delta h_{DG}\,\Delta T_{DG} + \Delta h_{SG}\,\Delta T_{SG}$$

Mit h_M als Teufe der Kavernenmitte kann Δh_{SG} bestimmt werden:

$$h_M = 1240\ \text{m} + \frac{100\ \text{m}}{2} = 1290\ \text{m}$$

$$\Delta h_{SG} = h_M - \Delta h_{DG} = 1290\ \text{m} - 1000\ \text{m} = 290\ \text{m}$$

$$T = 283{,}15\ \text{K} + 1000\ \text{m}\ 0{,}04\frac{\text{K}}{\text{m}} + 290\ \text{m}\ 0{,}02\frac{\text{K}}{\text{m}} = 328{,}95\ \text{K}$$

Der maximale Speicherinhalt

$$V_{n(max)} = V_{geom}\,\frac{p_{max}}{p_n}\,\frac{T_n}{T}\,\frac{z_n}{z}$$

$$V_{n(max)} = 260000\ \text{m}^3\,\frac{230\ \text{bar}}{1{,}01325\ \text{bar}}\,\frac{273{,}15\ \text{K}}{328{,}95\ \text{K}}\,\frac{1{,}0006}{1{,}1320}$$

$$V_{n(max)} = 43{,}3\ \text{Mill. m}^3$$

Das Kissengasvolumen

$$V_{n,KGV} = V_{geom}\,\frac{p_{min}}{p_n}\,\frac{T_n}{T}\,\frac{z_n}{z}$$

$$V_{n,KGV} = 260000\ \text{m}^3\,\frac{51\ \text{bar}}{1{,}01325\ \text{bar}}\,\frac{273{,}15\ \text{K}}{328{,}95\ \text{K}}\,\frac{1{,}0006}{1{,}0289}$$

$$V_{n,KGV} = 10{,}6\ \text{Mill. m}^3$$

Das Arbeitsgasvolumen

$$V_{n,AGV} = V_{n(max)} - V_{n,KGV}$$

$$V_{n,AGV} = 43{,}3\ \text{Mill. m}^3 - 10{,}6\ \text{Mill. m}^3$$

$$V_{n,AGV} = 32{,}7\ \text{Mill. m}^3$$

In Aufgabe 48 wird beispielhaft eine Berechnung des Unterschiedes zwischen dem Druck am Kopf der Verrohrung und dem Druck am Rohrschuh der Bohrlochverrohrung vorgenommen.

Aufgabe 48

Die Berechnung folgt den Formeln in der Tabelle 9.6 im Abschnitt 9.2.

Feststellung des Betriebsfalls

Es handelt sich nach Aufgabenstellung um den Betriebsfall Einspeicherung.

$$sign\,\dot{V}_0 = -1$$

Bestimmung der relativen Dichte

Die Dichten für Wasserstoff und Luft im Normzustand sind Tabelle 2.1 im Abschnitt 2.1 zu entnehmen.

$$d_n = \frac{\varrho_{n_{H_2}}}{\varrho_{n_{Luft}}}$$

$$d_n = \frac{0{,}08989\ \mathrm{kg/m^3}}{1{,}2927\ \mathrm{kg/m^3}} = 0{,}0695$$

Bestimmung der mittleren Temperatur des Wasserstoffs in der Verrohrung

$$T_m = \frac{T + T_K}{2}$$

$$T_m = \frac{325{,}76\ \mathrm{K} + 298{,}15\ \mathrm{K}}{2} = 311{,}96\ \mathrm{K}$$

Bestimmung des Beiwertes *s*

$$s = 0{,}03415 \frac{L d_n}{T_m z_m}$$

$$s = 0{,}03415 \frac{\mathrm{K}}{\mathrm{m}} \frac{1276\ \mathrm{m}\ 0{,}0695}{311{,}96\ \mathrm{K}\ 1{,}082} = 8{,}97 \cdot 10^{-3}$$

Bestimmung des Beiwertes *θ*

$$\theta = 1{,}137 \cdot 10^4 \cdot \frac{\lambda T_m^2 z_m^2 \left(e^{2s} - 1\right)}{d^5}$$

$$\theta = 1{,}137 \cdot 10^4 \frac{\mathrm{Pa^2\ s^2}}{\mathrm{K^2\ m}} \frac{0{,}017 \cdot 311{,}96^2\ \mathrm{K^2}\ 1{,}082^2 \left(\mathrm{e}^{2 \cdot 8{,}97 \cdot 10^{-3}} - 1\right)}{0{,}1937^5\ \mathrm{m^5}}$$

$$\theta = 1{,}46 \cdot 10^9\ \mathrm{Pa^2 s^2 / m^6}$$

Bestimmung des Kavernenkopfdrucks

Die nachfolgende Gleichung für den Druck p muss im Nachgang auf den Kopfdruck p_K umgestellt werden. Der Volumenstrom $\dot{V}_0$ wird in der Einheit m^3/s eingegeben.

$$\dot{V}_0 = 41400\ \mathrm{m^3/h} = \frac{41400\ \mathrm{m^3/h}}{3600\ \mathrm{s/h}} = 11{,}5\ \mathrm{m^3/s}$$

$$p^2 = p_K^2 e^{2s} + \theta \dot{V}_0^2 sign\, \dot{V}_0$$

$$p_K = \sqrt{\frac{p^2 + \theta \dot{V}_0^2}{e^{2s}}}$$

$$p_K = \sqrt{\frac{1{,}4014^2 \cdot 10^{14}\ \text{Pa}^2 + 1{,}46 \cdot 10^9\ \text{Pa}^2\text{s}^2/\text{m}^6 \cdot 11{,}5^2\ \text{m}^6/\text{s}^2}{\text{e}^{2 \cdot 8{,}97 \cdot 10^{-3}}}}$$

$$p_K = 13{,}896 \cdot 10^6\ \text{Pa} \equiv 138{,}96\ \text{bar}_{\ddot{u}}$$

Bestimmung der Druckdifferenz zwischen Rohrschuh der Förderrohrtour und Kavernenkopf

$$\Delta p = p - p_K$$

$$\Delta p = 140{,}14\ \text{bar}_{\ddot{u}} - 138{,}96\ \text{bar}_{\ddot{u}} = 1{,}18\ \text{bar}$$

Der Vergleich mit dem Speichermedium Erdgas

Wird der Druckunterschied zwischen Rohrschuh der Förderrohrtour und Kavernenkopf statt für Wasserstoff für das Fluid Erdgas berechnet, so ist der Druckunterschied mit $z_m \approx 0{,}8$, $d_n = 0{,}60$, $w = 2{,}54$ m/s und $\lambda \approx 0{,}017$ $\Delta p \approx 13{,}6$ bar. Der Druckverlust mit dem Fluid Erdgas ist demnach etwa eine Zehnerpotenz größer als mit dem Fluid Wasserstoff.

Welche Energiedichte ist mit Metallhydridspeichern zu erreichen? Diese Frage beantwortet Aufgabe 49.

Aufgabe 49

Zunächst werden der Brennwert und der Heizwert aus Tabelle 4.1 im Abschnitt 4.1 in der Einheit MJ/m³ mithilfe der Dichte im Normzustand aus Tabelle 2.1 im Abschnitt 2.1 in die Einheit MJ/kg umgerechnet.

Umrechnung des Brennwertes und Heizwertes von Wasserstoff in die Einheit MJ/kg

$$H'_{s,n} = \frac{H_{s,n}}{\varrho_n}$$

$$H'_{s,n} = \frac{12{,}745\ \text{MJ}/\text{m}^3}{0{,}08989\ \text{kg H}_2/\text{m}^3} = 141{,}784\ \text{MJ}/(\text{kg H}_2)$$

$$H'_{i,n} = \frac{H_{i,n}}{\varrho_n}$$

$$H'_{i,n} = \frac{10{,}782\ \text{MJ}/\text{m}^3}{0{,}08989\ \text{kg H}_2/\text{m}^3} = 119{,}947\ \text{MJ}/(\text{kg H}_2)$$

Berechnung der gravimetrischen Energiedichten bezogen auf Brennwert und Heizwert

$$w_{g,s} = v' H'_{s,n}$$

$$w_{g,s} = \frac{1{,}5 \text{ kg H}_2}{100 \text{ kg Speichermasse}} 141{,}784 \text{ MJ} / (\text{kg H}_2)$$

$$w_{g,s} = 2{,}13 \text{ MJ} / (\text{kg Speichermasse})$$

$$w_{g,i} = v' H'_{i,n}$$

$$w_{g,i} = \frac{1{,}5 \text{ kg H}_2}{100 \text{ kg Speichermasse}} 119{,}947 \text{ MJ} / (\text{kg H}_2)$$

$$w_{g,i} = 1{,}80 \text{ MJ} / (\text{kg Speichermasse})$$

Berechnung der volumetrischen Energiedichten bezogen auf Brennwert und Heizwert

Die volumetrische Speicherdichte wird zunächst auf Liter Speichervolumen bezogen:

$$v'' = \frac{150 \text{ kg H}_2}{\text{m}^3 \text{ Speichervolumen}} = \frac{0{,}15 \text{ kg H}_2}{\text{l Speichervolumen}}$$

$$w_{v,s} = v'' H'_{s,n}$$

$$w_{v,s} = \frac{0{,}15 \text{ kg H}_2}{\text{l Speichervolumen}} 141{,}784 \text{ MJ} / (\text{kg H}_2)$$

$$w_{v,s} = 21{,}27 \text{ MJ} / (\text{l Speichervolumen})$$

$$w_{v,i} = v'' H'_{i,n}$$

$$w_{v,i} = \frac{0{,}15 \text{ kg H}_2}{\text{l Speichervolumen}} 119{,}947 \text{ MJ} / (\text{kg H}_2)$$

$$w_{v,i} = 17{,}99 \text{ MJ} / (\text{l Speichervolumen})$$

11.9 Wasserstoffanwendungen

Aufgabe 50 hat die Ammoniaksynthese mit Wasserstoff und die Massenbilanz zum Inhalt.

Aufgabe 50

Basis der weiteren Berechnungen ist die Reaktionsgleichung in Formel 10.1 im Abschnitt 10.1.

$$N_2 + 3H_2 \rightarrow 2NH_3$$

Die spezifischen Größen für Stickstoff (1) und Wasserstoff (2) sind in Tabelle 2.1 im Abschnitt 2.1 zu finden. Es wird ein Umsetzungsgrad von 1 nach Aufgabenstellung vorausgesetzt.

Die Massenbilanz der Ammoniaksynthese

$$n_1 M_1 + n_2 M_2 \rightarrow n_3 M_3$$

Die molare Masse von Ammoniak (3) ist mithilfe der Mischungsregeln in Tabelle 2.9 im Abschnitt 2.1.7 zu ermitteln:

$$M_3 = \sum_{i=1}^{2} y_i M_i$$
$$M_3 = y_1 M_1 + y_2 M_2$$
$$M_3 = \frac{1}{2} \cdot 28{,}013 \frac{\text{kg}}{\text{kmol}} + \frac{3}{2} \cdot 2{,}0158 \frac{\text{kg}}{\text{kmol}} = 17{,}030 \frac{\text{kg}}{\text{kmol}}$$

Aus der Massenbilanz folgt:

$$28{,}013 \text{ kg N}_2 + 3 \cdot 2{,}0158 \text{ kg H}_2 \rightarrow 2 \cdot 17{,}030 \text{ kg NH}_3$$

Massenverhältnis der Edukte Wasserstoff zu Stickstoff

$$\frac{m\,\text{H}_2}{m\,\text{N}_2} = \frac{3 \cdot 2{,}0158 \text{ kg H}_2}{28{,}013 \text{ kg N}_2} = 0{,}216 \text{kg H}_2 / \left(\text{kg N}_2\right)$$

Massenverhältnis des Eduktes Wasserstoff zum Produkt Ammoniak

$$\frac{m\,\text{H}_2}{m\,\text{NH}_3} = \frac{3 \cdot 2{,}0158 \text{ kg H}_2}{2 \cdot 17{,}030 \text{ kg NH}_3} = 0{,}178 \text{kg H}_2 / \left(\text{kg NH}_3\right)$$

Wasserstoff kann als Edukt zur Herstellung von synthetischem Methan verwendet werden. Mit der Energiebilanz der Reaktionsgleichung beschäftigt sich die Aufgabe 51.

Aufgabe 51

Zur Ermittlung der Standardreaktionsenthalpie der Reaktionsgleichung in Formel 10.2 im Abschnitt 10.2 wird der Satz von Hess angewendet. Die spezifischen Größen sind Tabelle 2.16 im Abschnitt 10.5 zu entnehmen.

$$\Delta_R h^\ominus = \sum \nu \Delta_B h^\ominus (\text{Produkte}) - \sum \nu \Delta_B h^\ominus (\text{Edukte})$$

Die Standardreaktionsenthalpie der Produkte

Die molaren Standardbildungsenthalpien der Produkte Methan und dampfförmiges Wasser sind:

$$\sum \nu \Delta_B h^\ominus \left(\text{Produkte}\right) = -74{,}81 \frac{\text{kJ}}{\text{mol}} - 2 \cdot 241{,}82 \frac{\text{kJ}}{\text{mol}} = -558{,}45 \frac{\text{kJ}}{\text{mol}}$$

Die Standardreaktionsenthalpie der Edukte

Die molaren Standardbildungsenthalpien der Edukte Wasserstoff und Kohlendioxid sind:

$$\sum \nu \Delta_B h^\ominus \left(\text{Edukte}\right) = 4 \cdot 0 \frac{\text{kJ}}{\text{mol}} - 393{,}51 \frac{\text{kJ}}{\text{mol}} = -393{,}51 \frac{\text{kJ}}{\text{mol}}$$

Die Standardreaktionsenthalpie der Reaktion

Die molare Standardreaktionsenthalpie der Reaktion ist dann:

$$\Delta_R h^\ominus = -558{,}45 \frac{\text{kJ}}{\text{mol}} - \left(-393{,}51 \frac{\text{kJ}}{\text{mol}}\right) = -164{,}94 \frac{\text{kJ}}{\text{mol}}$$

Schlussfolgerung

Die Reaktionsenthalpie $\Delta_R h^\ominus$ ist negativ und die Reaktion ist exotherm. Es wird Wärme frei, die für nachgeschaltete Prozesse verwendet werden kann.

Mit den im Bild 10.1 dargestellten Stoffmengen beschäftigt sich Aufgabe 52.

Aufgabe 52

Grundlagen sind die Massenbilanzen der Verfahren der Elektrolyse und der Methanisierung nach Sabatier.

Massenbilanz der Elektrolyse

$$H_2O \rightarrow H_2 + \frac{1}{2} O_2$$

$$18{,}015 \text{ kg } H_2 \rightarrow 2{,}0158 \text{ kg } H_2 + \frac{1}{2} 31{,}999 \text{ kg } O_2$$

Massenbilanz der Methanisierung nach dem Sabatier-Verfahren

$$CO_2 + 4H_2 \rightarrow CH_4 + 2H_2O$$

$$n_{CO_2} M_{CO_2} + 4 n_{H_2} M_{H_2} \rightarrow n_{CH_4} M_{CH_4} + 2 n_{H_2O} M_{H_2O}$$

$$44{,}010 \text{ kg } CO_2 + 8{,}063 \text{ kg } H_2 \rightarrow 16{,}043 \text{ kg } CH_4 + 36{,}030 \text{ kg } H_2O$$

Relation der Stoffmengen beim Methanisierungsprozess

$$m_{CH_4,3} / m_{CO_2,1} = \frac{16{,}043 \text{ kg } CH_4}{44{,}01 \text{ kg } CO_2} = 0{,}365 \frac{\text{kg } CH_4}{\text{kg } CO_2}$$

$$m_{CH_4,3} / m_{H_2,2} = \frac{16{,}043 \text{ kg } CH_4}{8{,}063\text{kg } H_2} = 1{,}990 \frac{\text{kg } CH_4}{\text{kg } H_2}$$

$$m_{CO_2,1} / m_{H_2,2} = \frac{44{,}01 \text{ kg } CO_2}{8{,}063 \text{ kg } H_2} = 5{,}458 \frac{\text{kg } CO_2}{\text{kg } H_2}$$

$$m_{H_2O,3} / m_{CH_4,3} = \frac{36{,}03 \text{ kg } H_2O}{16{,}043 \text{ kg } CH_4} = 2{,}246 \frac{\text{kg } H_2O}{\text{kg } CH_4}$$

$$m_{H_2O,3} / m_{H_2,2} = \frac{36{,}03 \text{ kg } H_2O}{8{,}063 \text{ kg } H_2} = 4{,}469 \frac{\text{kg } H_2O}{\text{kg } H_2}$$

Das Verhältnis der Stoffmengen beim Elektrolyseprozess

$$m_{O_2,2} / m_{H_2,2} = \frac{15{,}999 \text{ kg } O_2}{2{,}0158 \text{ kg } H_2} = 7{,}937 \frac{\text{kg } O_2}{\text{kg } H_2}$$

Das Verhältnis der Stoffmengen bei der VE-Wasserversorgung des Elektrolyseurs

$$m_{H_2O,2} / m_{H_2,2} = \frac{18{,}015 \text{ kg } H_2O}{2{,}0158 \text{ kg } H_2} = 8{,}937 \frac{\text{kg } H_2O}{\text{kg } H_2}$$

$$m_{H_2O,2} / m_{H_2O,3} = \frac{m_{H_2O,2} / m_{H_2,2}}{m_{H_2O,3} / m_{H_2,2}} = \frac{8{,}937 \text{ kg } H_2O \text{ kg } H_2}{4{,}469 \text{ kg } H_2 \text{ kg } H_2O} = 2$$

Schlussfolgerung für die VE-Wasserversorgung des Elektrolyseurs

$$m_{H_2O,2} = m_{H_2O,3} + m_{H_2O,e}$$
$$2m_{H_2O,3} = m_{H_2O,3} + m_{H_2O,e}$$

Daraus folgt, dass die Wassermenge aus dem Rücklauf der Methanisierung – wenn sie zur Verfügung steht – die erforderliche Entnahme von voll entsalztem Wasser aus dem Wassernetz halbieren kann.

$$m_{H_2O,e} = m_{H_2O,3}$$

Die Aufgabe 52 erfährt eine Erweiterung in der Aufgabe 53. Dabei werden konkrete Berechnungen von Massen und Volumina für den in Bild 10.1 in Kapitel 10 dargestellten Prozessablauf durchgeführt.

Aufgabe 53

Betrachtet wird der in Bild 10.1 im Abschnitt 10.2 dargestellte Gesamtprozess aus Aminwäsche, Elektrolyse, Methanisierung und Gasverflüssigung. Das Verhältnis der in den einzelnen Prozessschritten entstehenden Massen zueinander ist in Aufgabe 52 ermittelt worden.

Die für die Lösung bedeutsamen Prozessschritte werden nacheinander betrachtet.

Die Aminwäsche und der Kohlendioxidausstoß

$$\dot{V}_{\mathrm{n,CO_2,1}} = 0{,}95 \cdot 500\,\mathrm{m^3\,/\,h} = 475\ \mathrm{m^3\,/\,h}$$

$$\dot{m}_{\mathrm{CO_2,1}} = \dot{V}_{\mathrm{n,CO_2,1}}\varrho_{\mathrm{n,CO_2}}$$

$$\dot{m}_{\mathrm{CO_2,1}} = 475\ \mathrm{m^3\,/\,h}\ 1{,}9768\ \mathrm{kg\,/\,m^3} = 938{,}98\ \mathrm{kg\ CO_2\,/\,h}$$

Diese Kohlenstoffdioxidmasse ist neben dem Wasserstoff aus der Elektrolyse Edukt für die Methansierung und den Sabatierprozess. Es fehlen noch Methan- und Wasserausbeute sowie der erforderliche Wasserstoffeinsatz. Berechnet werden jeweils der Massenstrom und der Volumenstrom.

Die Methan- und Wasserausbeute der Methanisierung und der erforderliche Wasserstoffeinsatz

$$\dot{m}_{\mathrm{CH_4,3}} = \dot{m}_{\mathrm{CO_2,1}} \frac{m_{\mathrm{CH_4,3}}}{m_{\mathrm{CO_2,1}}}$$

$$\dot{m}_{\mathrm{CH_4,3}} = 938{,}98\ \mathrm{kg\ CO_2\,/\,h} \cdot 0{,}365\ \mathrm{kg\ CH_4\,/\left(kg\ CO_2\right)} = 342{,}73\ \mathrm{kg\ CH_4\,/\,h}$$

$$\dot{V}_{\mathrm{n,CH_4,3}} = \frac{\dot{m}_{\mathrm{CH_4,3}}}{\varrho_{\mathrm{n,CH_4}}}$$

$$\dot{V}_{\mathrm{n,CH_4,3}} = \frac{342{,}73\ \mathrm{kg\ CH_4\,/\,h}}{0{,}7175\ \mathrm{kg\ CH_4\,/\,m^3}} = 477{,}67\ \mathrm{m^3\,/\,h}$$

$$\dot{m}_{\mathrm{H_2,2}} = \dot{m}_{\mathrm{CH_4,3}} \frac{m_{\mathrm{H_2,2}}}{m_{\mathrm{CH_4,3}}}$$

$$\dot{m}_{\mathrm{H_2,2}} = \frac{342{,}73\ \mathrm{kg\ CH_4\,/\,h}}{1{,}990\ \mathrm{kg\ CH_4\,/\left(kg\ H_2\right)}} = 172{,}23\ \mathrm{kg\ H_2\,/\,h}$$

$$\dot{V}_{\mathrm{n,H_2,2}} = \frac{\dot{m}_{H_2,2}}{\varrho_{n,H_2}}$$

$$\dot{V}_{\mathrm{n,H_2,2}} = \frac{172{,}23\ \mathrm{kg\,/\,h}}{0{,}08989\mathrm{kg\,/\,m^3}} = 1916{,}01\ \mathrm{m^3\,/\,h}$$

Der elektrolytische Prozess muss den Volumenstrom $\dot{V}_{n,H_2,2}$ für die nachfolgende Methanisierung bereitstellen.

$$\dot{m}_{H_2O,3} = \dot{m}_{CH_4,3} \frac{m_{H_2O,3}}{m_{CH_4,3}}$$

$$\dot{m}_{H_2O,3} = 342{,}73 \text{ kg CH}_4 \text{ / h } 2{,}246 \text{ kg H}_2\text{O} / \left(\text{kg CH}_4\right) = 769{,}77 \text{ kg H}_2\text{O / h}$$

$$\dot{V}_{H_2O,3} = \frac{\dot{m}_{H_2O,3}}{\varrho_{H_2O}}$$

$$\dot{V}_{H_2O,3} = \frac{769{,}77 \text{ kg / h}}{1000 \text{ kg / m}^3} = 0{,}77 \text{ m}^3 \text{ / h}$$

Der Wassereinsatz und Sauerstoffertrag sowie die elektrische Anschlussleistung der Elektrolyse

Der Wasserstoffertrag aus der Elektrolyse $\dot{V}_{n,H_2,2}$ ist bereits zuvor berechnet worden. Es fehlen noch der Sauerstoffertrag und der Wert der erforderlichen VE-Wassermengen.

$$\dot{m}_{O_2,2} = \dot{m}_{H_2,2} \frac{m_{O_2,2}}{m_{H_2,2}}$$

$$\dot{m}_{O_2,2} = 172{,}23 \text{ kg H}_2 \text{ / h } 7{,}937 \text{ kg O}_2 / \left(\text{kg H}_2\right) = 1366{,}99 \text{ kg O}_2 \text{ / h}$$

$$\dot{V}_{n,O_2,2} = \frac{\dot{m}_{O_2,2}}{\varrho_{n,O_2}}$$

$$\dot{V}_{n,O_2,2} = \frac{1366{,}99 \text{ kg / h}}{1{,}429 \text{ kg / m}^3} = 956{,}61 \text{ m}^3 \text{ / h}$$

Die elektrische Leistung, die aus dem Netz dem Elektrolyseur zugeführt werden muss, kann berechnet werden:

$$P_{el} \geq \frac{\dot{V}_{n,H_2,2} H_{s,n}}{\eta_{EL}}$$

$$P_{el} \geq \frac{1916{,}01 \text{ m}^3 \text{ / h} \cdot 3{,}54 \text{ kWh / m}^3}{0{,}72} = 9{,}42 \text{ MW}$$

Die Elektrolyseanlage erforderte eine elektrische Anschlussleistung von ca. 10 MW.

Wenn eine über 10 Jahre währende Zelldegradation von 1 %/a kompensiert werden soll, beträgt die erforderliche elektrische Anschlussleistung

$$P_{el}^* \geq P_{el} \left(1 + 0{,}01\right)^{10}$$

$$P_{el}^* \geq 9{,}42 \text{ MW} \left(1 + 0{,}01\right)^{10} = 10{,}41 \text{ MW}$$

Es werden die erforderlichen entsalzten Wassermengen berechnet:

$$\dot{m}_{H_2O,2} = \dot{m}_{H_2,2} \frac{m_{H_2O,2}}{m_{H_2,2}}$$

$$\dot{m}_{H_2O,2} = 172{,}23 \text{ kg } H_2 \,/\, h \; 8{,}937 \text{ kg } H_2O \,/\, (\text{kg } H_2) = 1539{,}22 \text{ kg } H_2O \,/\, h$$

$$\dot{V}_{H_2O,2} = \frac{\dot{m}_{H_2O,2}}{\varrho_{H_2O}}$$

$$\dot{V}_{H_2O,2} = \frac{1539{,}22 \text{ kg} / h}{1000 \text{ kg} / m^3} = 1{,}54 \text{ m}^3 / h$$

Der Ertrag an synthetischem LNG

$$\dot{m}_{LNG} = \dot{m}_{CH_4,4} = \dot{m}_{CH_4,3}$$

$$\dot{m}_{LNG} = 342{,}73 \text{ kg } CH_4 \,/\, h$$

$$\dot{V}_{LNG} = \frac{\dot{m}_{LNG}}{\varrho_{LNG}}$$

$$\dot{V}_{LNG} = \frac{342{,}73 \text{ kg} / h}{421{,}17 \text{ kg} / m^3} = 0{,}81 \text{ m}^3 / h$$

Die Ergebnisse sind in Tabelle 11.7 zusammengefasst.

Tabelle 11.7 Technische Prozessdaten nach Aufgabenstellung 53

Aminwäsche	Bezeichnung	Einheit	Wert
Kohlendioxid aus Rohbiogasstrom	$\dot{m}_{CH_4,1}$	kg/h	938,98
	$\dot{V}_{CH_4,1}$	m^3/h	475,00
Methanisierung	**Bezeichnung**	**Einheit**	**Wert**
Ertrag an synthetischem Methan	$\dot{m}_{CH_4,3}$	kg/h	342,73
	$\dot{V}_{CH_4,3}$	m^3/h	477,67
Wasserstoffbedarf aus Elektrolyse	$\dot{m}_{H_2,2}$	kg/h	172,23
	$\dot{V}_{H_2,2}$	m^3/h	1916,01
Anfall an Wasser	$\dot{m}_{H_2O,3}$	kg/h	769,77
	$\dot{V}_{H_2O,3}$	m^3/h	0,77

Tabelle 11.7 Technische Prozessdaten nach Aufgabenstellung 53 *(Fortsetzung)*

Elektrolyse	Bezeichnung	Einheit	Wert
Sauerstoffertrag der Elektrolyse 1)	$\dot{m}_{O_2,2}$	kg/h	1366,99
	$\dot{V}_{O_2,2}$	m³/h	956,61
Elektrischer Mindest-Leistungsbedarf 2)	P_{el}	MW	9,42
Elektrischer Mindest-Leistungsbedarf 3)	P_{el}^*	MW	10,41
VE-Wasserbedarf	$\dot{m}_{H_2O,2}$	kg/h	1539,22
	$\dot{V}_{H_2O,2}$	m³/h	1,54
Gasverflüssigung	**Bezeichnung**	**Einheit**	**Wert**
Ertrag aus Verflüssigung	$\dot{m}_{LNG}$	kg/h	342,73
	$\dot{V}_{LNG}$	m³/h	0,81

Anmerkungen: 1) Der Wasserstoffertrag ist im Prozessschritt Methanisierung aufgeführt; 2) ohne Berücksichtigung der Zelldegradation; 3) unter Berücksichtigung einer Zelldegradation über 10 Betriebsjahre

In Aufgabe 54 werden die Massenanteile, Volumenanteile und Stoffmengenanteile eines Wasserstoffgases einer bestimmten Reinheit ermittelt.

Aufgabe 54

Die Berechnungsgrundlagen sind in Tabelle 2.5 im Abschnitt 2.1.6 enthalten. Benötigt werden die Gasdichten im Normzustand, die molaren Massen und die speziellen Gaskonstanten für Wasserstoff (1) und Sauerstoff (2), die in Tabelle 2.1 im Abschnitt 2.1 zu finden sind.

Der Zustand des Systems nach der Wasserstoffreinigung ist mit dem Index 0 gekennzeichnet.

Die Stoffmengenanteile

Das Wasserstoffgas verlässt die Reinigung mit dem Reinheitsgrad 5.0. Der molare Anteil von n-H_2 ist daher:

$$y_{1,0} = 0{,}99999$$

Für den Sauerstoff bedeutet dies:

$$y_{2,0} = 1 - y_{1,0}$$
$$y_{2,0} = 1 - 0{,}99999 = 0{,}00001$$

Die Massenanteile

Die Umrechnung von Stoffmengenanteilen in Massenanteilen geschieht mit folgender Gleichung:

$$w_{i,0} = \frac{y_{i,0} M_{i,0}}{\sum_{j=1}^{n} y_{j,0} M_{j,0}}$$

Der Massenanteil des Wasserstoffs:

$$w_{1,0} = \frac{0{,}99999 \cdot 2{,}0158 \frac{\text{kg}}{\text{kmol}}}{0{,}99999 \cdot 2{,}0158 \frac{\text{kg}}{\text{kmol}} + 0{,}00001 \cdot 31{,}999 \frac{\text{kg}}{\text{kmol}}}$$

$$w_{1,0} = 0{,}99984$$

Der Massenanteil des Sauerstoffs:

$$w_{2,0} = 1 - w_{1,0}$$

$$w_{2,0} = 1 - 0{,}99984 = 0{,}00016$$

Die Volumenanteile

Die Umrechnung in Volumenanteile kann über die Stoffmengenanteile erfolgen:

$$\varphi_{i,0} = \frac{y_{i,0} M_i}{\varrho_i \sum_{j=1}^{n} \frac{y_{j,0} M_j}{\varrho_{j,0}}}$$

Es müssen für die Komponenten die Betriebsdichten bestimmt werden. Dies geschieht über die Formel 2.5 für das Realgas in Abschnitt 2.1.1.

$$\varrho_i = \frac{p}{z_i R_i T}$$

Die Betriebsdichte von Wasserstoff:

$$\varrho_1 = \frac{170000 \frac{\text{kg}}{\text{m s}^2}}{1{,}0006 \cdot 4124{,}5 \frac{\text{m}^2}{\text{s}^2\text{K}} 285{,}15 \text{ K}} = 0{,}14446 \text{ kg} / \text{m}^3$$

Die Betriebsdichte von Sauerstoff:

$$\varrho_2 = \frac{170000 \frac{\text{kg}}{\text{m s}^2}}{0{,}9981 \cdot 259{,}84 \frac{\text{m}^2}{\text{s}^2\text{K}} 285{,}15 \text{ K}} = 2{,}29877 \text{ kg} / \text{m}^3$$

Der Volumenanteil von Wasserstoff:

$$\varphi_{1,0} = \frac{0{,}99999 \cdot 2{,}0158 \frac{\text{kg}}{\text{kmol}}}{0{,}14446 \frac{\text{kg}}{\text{m}^3} \left(\frac{0{,}99999 \cdot 2{,}0158 \frac{\text{kg}}{\text{kmol}}}{0{,}14446 \frac{\text{kg}}{\text{m}^3}} + \frac{0{,}00001 \cdot 31{,}999 \frac{\text{kg}}{\text{kmol}}}{2{,}29877 \frac{\text{kg}}{\text{m}^3}} \right)}$$

$$\varphi_{1,0} = 0{,}99999$$

Der Volumenanteil von Sauerstoff:

$$\varphi_{2,0} = 1 - \varphi_{1,0}$$

$$\varphi_{2,0} = 1 - 0{,}99999 = 0{,}00001$$

Schlussfolgerung für das Verhältnis von Stoffmengenanteil und Volumenanteil

In diesem speziellen Betriebsfall sind aufgrund des geringen Überdrucks und der moderaten Betriebstemperatur Stoffmengenanteile und Volumenanteile der Komponenten jeweils numerisch gleich.

Die Volumenanteile werden für die Lösung der Aufgabenstellung 55 benötigt.

Wie sich die in Aufgabe 54 berechneten Anteile durch Zudosierung eines Odoriermittels verändern, entnimmt man der Lösung der Aufgabe 55.

Aufgabe 55

Die Berechnungsgrundlagen sind in Tabelle 2.5 und in Tabelle 2.6 im Abschnitt 2.1.6 enthalten. Benötigt werden die Gasdichten im Normzustand und die molaren Massen für Wasserstoff (1) und Sauerstoff (2), die in Tabelle 2.1 im Abschnitt 2.1 zu finden sind.

Der Zustand des Systems wird vor der Odorierung mit dem Index 0 und nach der Odorierung mit dem Index 1 gekennzeichnet. Zunächst werden die im Wasserstoffgas im Zustand [0] befindlichen Massen der Komponenten Wasserstoff (1) und Sauerstoff (2) berechnet. Dabei wird ein Volumen von 1 m^3 betrachtet. Auf die Ergebnisse der Aufgabe 54 wird zurückgegriffen.

Massen der Komponenten im Zustand [0]

Die Masse des Wasserstoffs:

$$m_1 = \varphi_{1,0} V_n \varrho_{n,1}$$

$$m_1 = 0{,}99999 \cdot 1 \text{ m}^3 \, 0{,}08989 \text{ kg} / \text{m}^3$$

$$m_1 = 0{,}089889 \text{ kg}$$

Die Masse des Sauerstoffs:

$$m_2 = \varphi_{2,0} V_n \varrho_{n,2}$$
$$m_2 = 0{,}00001 \cdot 1\ \mathrm{m}^3\, 1{,}429\ \mathrm{kg}/\mathrm{m}^3$$
$$m_2 = 1{,}429 \cdot 10^{-5}\ \mathrm{kg}$$

Nun werden die im Wasserstoffgas im Zustand [1] befindlichen Massen der Komponenten Wasserstoff (1), Sauerstoff (2) und Odoriermittel (3) berechnet. Dabei wird ein Volumen von 1 m^3 betrachtet.

Die Massen der Komponenten und die Gesamtmasse im Zustand [1]

Die Massen m_1 und m_2 verändern sich nicht.

Die hinzukommende Masse m_3 des Odoriermittels ergibt sich aus der Zudosierkonzentration:

$$m_3 = \beta_{3,\mathrm{n}} V_\mathrm{n}$$
$$m_3 = 20 \cdot 10^{-6}\ \mathrm{kg}/\mathrm{m}^3\ 1\ \mathrm{m}^3$$
$$m_3 = 2 \cdot 10^{-5}\ \mathrm{kg}$$

Die Gesamtmasse

$$m = \sum_{i=1}^{3} m_i$$
$$m = 0{,}089889\ \mathrm{kg} + 1{,}429 \cdot 10^{-5}\ \mathrm{kg} + 2 \cdot 10^{-5}\ \mathrm{kg}$$
$$m = 0{,}089923\ \mathrm{kg}$$

Die Massenanteile im Zustand [1]

Der Massenanteil der Komponente i wird mit dieser Gleichung berechnet:

$$w_{i,1} = \frac{m_i}{\sum_{j=1}^{n} m_j} = \frac{m_i}{m}$$

Der Massenanteil des Wasserstoffs:

$$w_{1,1} = \frac{0{,}089889\ \mathrm{kg}}{0{,}089923\ \mathrm{kg}} = 0{,}99962$$

Der Massenanteil des Sauerstoffs:

$$w_{2,1} = \frac{1{,}429 \cdot 10^{-5}\ \mathrm{kg}}{0{,}089923\ \mathrm{kg}} = 0{,}00016$$

Der Massenanteil des Odoriermittels:

$$w_{3,1} = 1 - w_{1,1} - w_{2,1}$$
$$w_{3,1} = 1 - 0{,}99962 - 0{,}00016 = 0{,}00022$$

Es folgt als letzten Schritt die Umrechnung in Stoffmengenanteile.

Die Stoffmengenanteile im Zustand [1]

Allgemein gilt:

$$y_i = \frac{w_i}{M_i \sum_{j=1}^{n} \frac{w_j}{M_j}}$$

Der Stoffmengenanteil von Wasserstoff:

$$y_{1,1} = \frac{0{,}99962}{2{,}0158\,\frac{\text{kg}}{\text{kmol}}\left(\frac{0{,}99962}{2{,}0158\,\frac{\text{kg}}{\text{kmol}}} + \frac{0{,}00016}{31{,}999\,\frac{\text{kg}}{\text{kmol}}} + \frac{0{,}00022}{94{,}91\,\frac{\text{kg}}{\text{kmol}}}\right)}$$
$$y_1 = 0{,}999985$$

Der Stoffmengenanteil von Sauerstoff:

$$y_{2,1} = \frac{0{,}00016}{31{,}999\,\frac{\text{kg}}{\text{kmol}}\left(\frac{0{,}99962}{2{,}0158\,\frac{\text{kg}}{\text{kmol}}} + \frac{0{,}00016}{31{,}999\,\frac{\text{kg}}{\text{kmol}}} + \frac{0{,}00022}{94{,}91\,\frac{\text{kg}}{\text{kmol}}}\right)}$$
$$y_{2,1} = 0{,}00001$$

Der Stoffmengenanteil des Odoriermittels:

$$y_{3,1} = 1 - y_{1,1} - y_{2,1}$$
$$y_3 = 1 - 0{,}999985 - 0{,}00001 = 5 \cdot 10^{-6}$$

Schlussfolgerung für den Einfluss der Odoriermittelzugabe auf die Reinheit des Wasserstoffgases

Die Zugabe eines Odorierstoffes verändert die Zusammensetzung des Wasserstoffgases. Die Zudosierung des schwefelfreien Odoriermittels Gasodor S-Free in einer Konzentration von $\beta_{3,\text{n}} = 20\ \text{mg}/\text{m}^3$ im Normzustand bedeutet allerdings eine äußerst geringfügige Beeinträchtigung der Reinheit. Der molare Anteil des Wasserstoffs verändert sich in diesem Fall um $\Delta y = -5 \cdot 10^{-6}$.

Die Umrechnung von Konzentrationen in andere Einheiten steht im Mittelpunkt der Aufgabe 56.

Aufgabe 56

Die Berechnungsgrundlagen sind in Tabelle 2.6 und in Tabelle 2.7 im Abschnitt 2.1.6 enthalten. Benötigt werden die Gasdichten von Wasserstoff im Normzustand und die Dichte im flüssigen Zustand und die molare Masse für das Odoriermittel (3), die in Tabelle 2.1 im Abschnitt 2.1 und in der Aufgabenstellung 55 im Abschnitt 10.2 zu finden sind.

Zunächst wird die Massenkonzentration bezogen auf den Normzustand des Wasserstoffgases umgerechnet.

Die Stoffmengenkonzentration bezogen auf den Normzustand

$$c_{3,\mathrm{n}} = \frac{\beta_{3,\mathrm{n}}}{M_3}$$

$$c_{3,\mathrm{n}} = \frac{20\ \mathrm{mg}/\mathrm{m}^3}{94.91\ \mathrm{kg}/\mathrm{kmol}} = \frac{20 \cdot 10^{-3}\ \mathrm{g}/\mathrm{m}^3}{94{,}91 \cdot 10^{-6}\mathrm{g}/\mu\mathrm{mol}}$$

$$c_{3,\mathrm{n}} = 210{,}73\ \mu\mathrm{mol}/\mathrm{m}^3$$

Die Volumenkonzentration bezogen auf den Normzustand

$$\sigma_{3,\mathrm{n}} = \frac{\beta_{3,\mathrm{n}}}{\varrho_3}$$

$$\sigma_{3,\mathrm{n}} = \frac{20\ \mathrm{mg}/\mathrm{m}^3}{933{,}50\ \mathrm{kg}/\mathrm{m}^3} = \frac{20 \cdot 10^{-6}\ \mathrm{kg}/\mathrm{m}^3}{933{,}50\ \mathrm{kg}/\mathrm{m}^3} = 0{,}02\ \mathrm{ppmv}$$

Die Massenkonzentration bezogen auf den Betriebszustand [1]

$$\beta_{3,1}(p,T) = \beta_{3,\mathrm{n}}(p_\mathrm{n},T_\mathrm{n})\frac{\varrho_\mathrm{G}(p,T)}{\varrho_\mathrm{G}(p_\mathrm{n},T_\mathrm{n})}$$

Die Dichte des Wasserstoffgases ϱ_1 ist die Dichte des Hauptgases ϱ_G.

$$\beta_{3,1}(p,T) = \beta_{3,\mathrm{n}}(p_\mathrm{n},T_\mathrm{n})\frac{\varrho_1(p,T)}{\varrho_1(p_\mathrm{n},T_\mathrm{n})}$$

Die Dichte des Wasserstoffgases $\varrho_1(p,T)$ ist in der Aufgabenlösung 54 berechnet worden.

$$\beta_{3,1}(p,T) = 20\,\frac{\mathrm{mg}}{\mathrm{m}^3} \cdot \frac{0{,}14447\ \mathrm{kg}/\mathrm{m}^3}{0{,}08989\ \mathrm{kg}/\mathrm{m}^3}$$

$$\beta_{3,1}(p,T) = 32{,}14\ \mathrm{mg}/\mathrm{m}^3$$

Die jährliche Zudosiermenge an Odoriermittel

$$\dot{m}_3 = \beta_{3,\mathrm{n}} \dot{V}_\mathrm{n}$$

$$\dot{m}_3 = 20\ \mathrm{mg} / \mathrm{m}^3\ 52000\ \mathrm{m}^3 / \mathrm{a}$$

$$\dot{m}_3 = 1{,}04\ \mathrm{kg} / \mathrm{a}$$

Anhang A: Einheiten und deren Umrechnungen

SI-Einheiten	alternative Einheiten	Umrechnung
Länge		
m	1 inch (in) = 1“	0,0254 m
	1 ft	0,305 m
	1 km	1000 m
	1 Tkm	1000 km
Temperatur und Temperaturdifferenz		
K	T/K	ϑ/°C + 273,15
	T/°F	1,8 ϑ/°C + 32
	ϑ/°C	5/9(T/°F −32)
	ΔT = 1 K = 1 °C	1,8 T/°F
	32 °F	0 °C = 273,15 K
Dichte		
kg/m^3	1 g/cm^2	10^3 kg/m^3
	1 lb/m^2	2,77 · 10^4 kg/m^3
	1 lb/ft	16,02 kg/m^3
Kraft		
1 N = 1 kgm/s^2	1 kp = 1 kgf	9,807 N
	1 dyn = 1 g cm/s^2	10^5 N
	1 lbf	4,45 N
Spannung, Druck		
1 Pa = 1 N/m^2	1 N/mm^2	1 MPa
1 MPa = 1 MN/m^2	1 kp/mm^2	9,807 MPa
	1 Psi = 1 lbf/in^2	6,9 kPa
	1 ksi = 10^3 psi	6,9 MPa
	1 bar	10^5 Pa = 0,1 MPa
	1 at = 1 kp/cm^2 = 10 mWS	0,09807 MPa
	1 Torr = 1 mmHg	0,133 kPa = 1,33 hPa
	1 atm = 760 Torr = 1,013 bar	0,1013 MPa
Energie, Arbeit, Wärmemenge		
1 J = 1 Nm = 1 Ws	1 cal	4,186 J
1 MPa = 1 MN/m^2	1 kp m	9,807 J
	1 kWh	3,6 MJ
	1 TWh	3,6 PJ

SI-Einheiten	alternative Einheiten	Umrechnung
	1000 TWh 1 eV 1 BTu 1 ft lbf 1 ft tonf 1 in lbf	3,6 EJ $1{,}602 \cdot 10^{-19}$ J 1,055 kJ 1,36 W 3,037 kJ 0,113 J
Leistung 1 W = 1 J/s = 1 Nm/s 1 W = 1 kg m^2/s^3	1 cal/s 1 ft lbf/s 1 in lbf/s 1 PS 1 hp 1 BTu/h	4,187 W 1,36 W 0,113 W 0,7355 W 0,7457 kW 0,233 W
Spannungsintensität $\mathrm{MN\ m^{-3/2} = MPa\sqrt{m}}$	$1\ \mathrm{ksi\sqrt{m}} = 10^3\ \mathrm{psi\sqrt{m}}$	$1{,}1\ \mathrm{MN\ m^{-3/2}} = 1{,}1\ \mathrm{MPa\sqrt{m}}$
Masse kg	1 t	10^3 kg
Elektrische Stromstärke 1 A		
Ladung 1 C = As		
Stromdichte 1 A/m^2		
Spannung 1 V = 1 J/C		
Widerstand $1\mathrm{V} / \mathrm{A} = 1\,\Omega$		
Elektrische Leistung W	1 W = 1 VA	
Zeit s	3600 s = 1 h 1000 h = 1 kh	

Anmerkungen:

at = technische Atmosphäre
atm = physikalische Atmosphäre
BTu = British Thermal unit
eV = Elektronenvolt
ft = foot
ft lbf = foot pound-force
ft tonf = foot ton-force
Hg = Quecksilbersäule
hp = horse power
in lbf = inch pound-force
k = Kilo
kgf = kilogramm-force
kh = kilo-hour
ksi = kilopounds per square inch
lb = pound (mass);
1 lb = 0,454 kg
lbf = pound-force
lbf/in² = pound-force per square inch
psi = pounds per square inch
WS = Wassersäule
1 Pico = 10^{-12}
1 Nano = 10^{-9}
1 Mikro = 10^{-6}
1 Milli = 10^{-3}
1 Kilo = 10^{3}
1 Mega = 10^{6}
1 Giga = 10^{9}
1 Tera = 10^{12}
1 Peta = 10^{15}
1 Exa = 10^{18}
1 ppmV = 0,0001 Vol-%

Anhang B: Formelzeichen und Einheiten

Formelzeichen		
Symbol	Einheit	Bezeichnung
A	m^2	Fläche
Afa	€	Abschreibung auf das Anlagevermögen
a	m	Risslänge
a_a	m	Ausgangsrisslänge
a_c	m	kritische Risslänge
a_r	m	tatsächliche Risslänge
a_0	m	Mindestrisslänge
$a(T)$	$m^5/(s^2kg)$	Parameter der PR-Gleichung
a_c	$m^5/(s^2kg)$	Parameter der PR-Gleichung
b	m^3/kg	Parameter der PR-Gleichung
b_h	h, h/a	Stunde
b_{ha}	h/a	Betriebsstunden im Jahr
C_0	€	Kapitalwert oder Nettobarwert
c_i	mol/m^3	Stoffmengenkonzentration
c_p	J/(kg K)	spezifische, isobare Wärmekapazität
$c_{p,m}^{\Theta}$	J/(mol K)	molare, isobare Wärmekapazität im Standardzustand
$\Delta_R c_p^{\Theta}$	J/(mol K)	molare, isobare Standardwärmekapazität
D_0	m^2/s	Diffusionskonstante
d	m	Durchmesser
d_a	m	Außendurchmesser
d_i	m	Innendurchmesser
d_n	–	relative Dichte
E	J, Ws	Energie
E	€	Erlös
E_{H_2}	€/kg	Grenzerlös für Wasserstoff

Formelzeichen		
Symbol	**Einheit**	**Bezeichnung**
E_{ϕ}	kJ/mol	spezifische Aktivierungsenergie bei Metallen
E_S	kJ/mol	spezifische Aktivierungsenergie bei Metallen
E_D	kJ/mol	spezifische Aktivierungsenergie bei Metallen
E_{ZO}	€/kg	spez. Erlöse für CO_2-Zertifikate
e	%/a	jährliche Inflationsrate, jährliche Eskalationsrate
e	J/kg	spezifische Energie, spezifische Arbeit
e	J/km	spezifischer Energieverbrauch für zurückgelegte Fahrstrecken
F	C/mol = As/mol	Faraday-Konstante
F_{ij}	–	Parameter zur Anwendung von Mischungsregeln
G	bar/m	maximaler Gasdruckgradient
G_{vSt}	€	Gewinn vor Steuern
G_{nSt}	€	Gewinn nach Steuern
g	J/kg	spezifische freie Enthalpie
g	m/s^2	Erdbeschleunigung
$\Delta_R g^{\ominus}$	kJ/mol	molare freie Standardreaktionsenthalpie
H	J	Enthalpie
H_i	kWh/m^3, MJ/m^3	Heizwert
$H_{i,n}$	kWh/m^3, MJ/m^3	Heizwert im Normzustand
H_s	kWh/m^3, MJ/m^3	Brennwert
$H_{s,n}$	kWh/m^3, MJ/m^3	Brennwert im Normzustand
h	J/kg	spezifische Enthalpie
h	m	Teufe
h	m	Höhe
h_{RS}	m	Rohrschuhteufe
$\Delta_B h^{\ominus}$	kJ/mol	molare Standardbildungsenthalpie
$\Delta_R h^{\ominus}$	kJ/mol	molare Standardreaktionsenthalpie
h_{ϕ}	kJ/mol	spezifische Aktivierungsenergie bei Kunststoffen
I	€	Investitionszahlung
Δh_{DG}	m	Teufenabschnitt im Deckgebirge
Δh_{SG}	m	Teufenabschnitt im Salzgebirge
I	A	elektrischer Strom
i	%	Kapitalzinsfuß
$\dot{j}_{H_2}$	kg/s	Wasserstoffmassenstrom

Formelzeichen		
Symbol	Einheit	Bezeichnung
K	-	Kompressibilitätszahl
K	€	Kosten
K_F	€	Finanzierungskosten, Fremdkapitalzinsen
K_I	$MPa\sqrt{m}$	Spannungsintensitätsfaktor
K_{IC}	$MPa\sqrt{m}$	Bruchzähigkeit
K_m	-	integraler Mittelwert einer Anzahl von Kompressibilitätszahlen
k	*mm*	integrale Rohrrauigkeit
L	m	Leitungslänge
l_{min}	-	Mindestluftbedarf bei der Verbrennung
M	kg/kmol	molare Masse
m	kg	Masse
m	-	Parameter der PR-Gleichung
N_C	-	kritische Lastzahl
NCF	€	Netto-Cash-Flow
n	mol	Stoffmenge
n	a	Anzahl der Jahre
P	W	Leistung
P_e	Ct/kWh	Strombezugspreis
P_{el}	W	elektrische Leistung
P_K	W	Kupplungsleistung
P_O	%/I/a	prozentuale auf die Investition bezogene Betriebskosten
p	bar, Pa, MPa	Druck
p	bar_a	Absolutdruck
p_c	bar, Pa, MPa	kritischer Druck
p_i	bar, Pa, MPa	Partialdruck
p_K	bar, Pa, MPa	Kopfdruck beim Kavernenspeicher
p_m	bar	integraler Mittelwert der Drücke über einer Leitungslänge
p_{max}	bar, Pa, MPa	maximal zulässiger Speicherdruck
p_{min}	bar, Pa, MPa	minimal zulässiger Speicherdruck
p_n	bar	Druck im Normzustand
p_0	bar	Umgebungsdruck
$p_ü$	$bar_ü$	Überdruck, Betriebsdruck
p_r	-	reduzierter Druck
p_s	bar, Pa, MPa	Sättigungsdruck des Wasserdampfes
$p^\ominus$	bar, Pa, MPa	Druck im Standardzustand

Formelzeichen		
Symbol	Einheit	Bezeichnung
Δp	bar	Druckverlust
Δp_r	bar	realer Druckverlust
Q	J	Wärme
Q_{th}	J	thermische Energie
Q_W	J	Wärme über Wärmetauscher
$\dot{q}$	W/kg	spezifischer Wärmestrom
q	J/kg	spezifische Wärme
R	J/(kgK)	spezielle Gaskonstante
R	-	Spannungsverhältnis (Bruchmechanik)
R_e	-	Reynoldszahl
R_{eL}	MPa	minimale Streckgrenze
R_m	J/(mol K)	molare Gaskonstante
r	m	Radius
S	J/K	Entropie
S	$\mathrm{mol}/\left(\mathrm{m}^3\sqrt{\mathrm{MPa}}\right)$	Löslichkeit
S	-	Sicherheitsbeiwert in der Gebirgsmechanik
S_0	$\mathrm{mol}/\left(\mathrm{m}^3\sqrt{\mathrm{MPa}}\right)$	Löslichkeitskonstante
St	€	Steuerzahlung
s	J/(kgK)	spezifische Entropie
s	m	Wandstärke
s	-	Parameter in Druckverlustrechnung in senkrechten Rohren
$\Delta_R s^\Theta$	J/(mol K)	molare Standardreaktionsentropie
T	K	Temperatur
T_c	K	kritische Temperatur
T_K	K	Kopftemperatur beim Kavernenspeicher
T_n	K	Temperatur im Normzustand
T_r	-	reduzierte Temperatur
T^Θ	K	Temperatur im Standardzustand
ΔT_{DG}	K	Temperaturgradient im Deckgebirge
ΔT_{SG}	K	Temperaturgradient im Salzgebirge
t	s, h, a	Zeit
t_B	a	Jahr der Inbetriebnahme einer technischen Anlage

Formelzeichen		
Symbol	Einheit	Bezeichnung
U	V, J/C	elektrisches Potenzial, elektrische Spannung
U_0	V, J/C	theoretische Zellspannung (Elektrolyse)
U_{th}	V, J/C	thermoneutrale Zellspannung (Elektrolyse)
U_z	V, J/C	Zellspannung (Elektrolyse)
V	m^3	Volumen
$\dot{V}$	m^3/s	Volumenstrom
$\dot{V}_i$	m^3/s	Volumenstrom im Betriebszustand
$\dot{V}_{B,n}$	m^3/s	Brennstoffvolumenstrom im Normzustand
V_{geom}	m^3	geometrisches Volumen einer Speicherkaverne
$\dot{V}_n$	m^3/s	Volumenstrom im Normzustand
$V_{n,AGV}$	m^3	Arbeitsgasvolumen
$V_{n,KGV}$	m^3	Kissengasvolumen
$V_{n(max)}$	m^3	maximaler Speicherinhalt
v	m^3/kg	spezifisches Volumen
v_f^A	m^3 fA/m^3 B	Mindestabgasmenge feucht bei der Verbrennung
v_{tr}^A	m^3 fA/m^3 B	Mindestabgasmenge trocken bei der Verbrennung
$V_{T,B}$	l/km	spez. Bruttotankvolumen
$V_{T,N}$	l/km	spez. Nettotankvolumen
W	J, Wh	Arbeit
W	m	Bauteilbreite
W_{el}	Wh	elektrische Arbeit
w	m/s	Geschwindigkeitskomponente
w	J/kg	spezifische Arbeit
$w_{g,i}$	kWh/kg	gravimetrische Energiedichte bezogen auf den Heizwert
$w_{g,s}$	kWh/kg	gravimetrische Energiedichte bezogen auf den Brennwert
w_i	– , Gew-%	Massenanteil
w_t	J/kg	spezifische technische Arbeit
$w_{v,i}$	kWh/m^3	volumetrische Energiedichte bezogen auf den Heizwert
$w_{v,s}$	kWh/m^3	volumetrische Energiedichte bezogen auf den Brennwert
Δx	m	Schichtdicke
y_i	– , mol-%	Stoffmengenanteil in gas- oder dampfförmigem Fluid
y_i^B	– , mol-%	Stoffmengenanteil des Verbrennungsproduktes
y_i^A	– , mol-%	Stoffmengenanteil im Abgas bei der Verbrennung

Formelzeichen		
Symbol	**Einheit**	**Bezeichnung**
y_{LGK}	– , mol-%	Luftgrenzkonzentration
y_{SGK}	– , mol-%	Sauerstoffgrenzkonzentration
y_{zu}	– , mol-%	untere Zündgrenze
y_{zo}	– , mol-%	obere Zündgrenze
z	–	Realgaszahl
z_n	–	Realgaszahl im Normzustand
z	–	Anzahl freier Ladungsträger

Griechische Formelzeichen		
Symbol	**Einheit**	**Bezeichnung**
$\alpha(T)$	–	Parameter der PR-Gleichung
β	–	Geometriefaktor
β_i	mg/m^3	Massenkonzentration
δ	%/a	Degradationsrate von Elektrolysezelle und Brennstoffzelle
ϱ	kg/m^3	Dichte
ϱ_i	kg/m^3	Dichte im Betriebszustand
ϱ_n	kg/m^3	Dichte im Normzustand
ϱ_s	kg/m^3	Dichte im Siedepunkt
ϑ	°C	Temperatur
κ	–	Isentropenexponent
λ	W/(mK)	Wärmeleitfähigkeit
λ	–	Luftverhältnis bei der Verbrennung
λ	–	Rohrreibungszahl
η	kg/(ms)	dynamische Viskosität
η	-,%	Wirkungsgrad, Effizienzgrad
η_{EL}	-,%	Wirkungsgrad des gesamten Elektrolysesystems
η_F	-,%	Faraday-Wirkungsgrad (Elektrolyse)
η_{DC}	-,%	Stack-Wirkungsgrad (Elektrolyse)
η_i	-,%	innerer Wirkungsgrad
η_{is}	-,%	isentroper Wirkungsgrad
η_K	-,%	Kupplungswirkungsgrad
η_M	-,%	Motorwirkungsgrad
η_m	-,%	mechanischer Wirkungsgrad
η_V	-,%	Spannungs-Wirkungsgrad (Elektrolyse)

Griechische Formelzeichen		
Symbol	Einheit	Bezeichnung
ξ	-	Beiwert bei Bestimmung des Spannungsintensitätsfaktors
φ	m^3H_2O/m^3Luft	Feuchtegehalt der Luft
φ_i	-, Vol-%	Volumenanteil
μ	-	Querkontraktionszahl
σ_i	l/m^3, ppmv	Volumenkonzentration
σ	MPa	Spannung
σ_n	MPa	Nennspannung
σ_o	MPa	Oberspannung
σ_p	MPa	primäre Gebirgsspannung
σ_r	MPa	Radialspannung
σ_u	MPa	Unterspannung
σ_x	MPa	Normalspannung in Richtung x (analog für andere Richtungen)
σ_φ	MPa	Spannung in Umfangsrichtung
ϕ	$\mathrm{mol}/\left(\mathrm{ms}\sqrt{\mathrm{MPa}}\right)$	Permeationsrate bei metallischen Werkstoffen
ϕ	mol/(m s MPa)	Permeationsrate bei Kunststoffen
ϕ_0	$\mathrm{mol}/\left(\mathrm{ms}\sqrt{\mathrm{MPa}}\right)$	Permeationskonstante bei metallischen Werkstoffen
ϕ_0	mol/(m s MPa)	Permeationskonstante bei Kunststoffen
τ	MPa	Schubspannung
θ	Pa^2s^2/m^6	Beiwert in Druckverlustrechnung in senkrechten Rohren
ν	-	stöchiometrischer Koeffizient

Anhang C: Abkürzungen und Eigennamen

AEL	alkalische Elektrolyse (engl. Alkaline Electrolysis)
AGV	Arbeitsgasvolumen
BEV	batterieelektrisch angetriebenes Fahrzeug (engl. Battery Electric Vehicle)
BHKW	Blockheizkraftwerk
BM	Biomasse aus $C_6H_{12}O_6$
BZ	Brennstoffzelle
CAPEX	Investitionskosten (engl. Capital Expenditure)
CCS	Carbon Capture and Storage
CGH_2	komprimierter gasförmiger Wasserstoff (engl. Compressed Hydrogen)
CNG	Erdgas, im komprimierten Zustand (engl. Compressed Natural Gas)
Dcf	Kapitalwertmethode (engl. Discounted Cash Flow)
EDZ	Ebener Dehnungszustand
FCEV	Brennstoffzellenfahrzeug (engl. Fuel Cell Electric Vehicle)
g	gasförmig (Bezeichnung des Aggregatzustandes)
HD	Hochdruck
HOV	Hand angetriebenes Absperrventil (engl. Hand Operated Valve)
KGV	Kissengasvolumen
l	flüssig (engl. liquid) (Bezeichnung des Aggregatzustandes)
LEBM	linear-elastische Bruchmechanik
LH_2	flüssiger Wasserstoff (engl. Liquid Hydrogen)
LNG	flüssiges Erdgas (engl. Liquid Natural Gas)
MOV	Motor angetriebenes Absperrventil (engl. Motor Operated Valve)
NEP	Netzentwicklungsplan
OEG	obere Explosionsgrenze
OK	Oberkante
OPEX	Betriebskosten (engl. Operational Expenditure)
PEM	Polymerelektrolytmembran-Elektrolyse (engl. Proton-Exchange-Membran)
PE	Polyethylen

RK	Rückschlagklappe
RS	Rohrschuh (unteres Ende einer Verrohrung)
SAV	Sicherheitsabsperrventil
SR	Dampfreformierung (engl. Steam Reforming)
SOEC	Hochtemperatur-Elektrolyse (engl. Solid Oxide Electrolysis Cell)
THG	Treibhausgas
TRL	technische Entwicklungsstufe (engl. Technology Readiness Level)
UEG	untere Explosionsgrenze
UK	Unterkante
VE-Wasser	vollentsalztes Wasser (Elektrolyse)
WGS	Wassergasreaktion bei der Reformierung (engl. Water Gas Shift)
WT	Wärmetauscher
ZBT	Zentrum für Brennstoffzellentechnik der Universität Duisburg-Essen

Anhang D: Verwendete Naturkonstanten und Bezugsgrößen

Größe	Name	Einheit	Wert
Naturkonstanten			
Faraday-Konstante	F	As/mol	96 485
Molare Gaskonstante	R_m	J/(mol K)	8,3145
Bezugsgrößen			
Druck im Normzustand	p_n	bar	1,01325
		Pa	101 325
Temperatur im Normzustand	T_n	K	273,15
Druck im Standardzustand	$p^{\ominus}$	bar	1
		Pa	100 000
Temperatur im Standardzustand	$T^{\ominus}$	K	298,15
Umgebungsdruck in den Aufgaben	P_0	bar	1
		Pa	100 000

Literaturverzeichnis

Anderson, T.L. (1995). Bruchmechanik, Grundlagen und Anwendungen (2nd ed.). CRC Press, Boca Raton

Atkins, P. & de Paula, J. (Hrsg.) (2008). Kurzlehrbuch Physikalische Chemie (4. Aufl.). Wiley-VCH, Weinheim

Bürgel, R. (2005). Lehr- und Übungsbuch Festigkeitslehre: Mit 10 Tabellen; [mit 114 Aufgaben und 63 Seiten Lösungen] (1. Aufl.). Vieweg, Wiesbaden

Bürgel, R. (2005). Werkstoffe sicher beurteilen und richtig einsetzen: Mit 26 Tabellen (1. Aufl.). Vieweg, Wiesbaden

Bürgel, R., Richard, H.A. & Riemer, A. (2014). Werkstoffmechanik: Bauteile sicher beurteilen und Werkstoffe richtig einsetzen (2., überarb. Aufl.). Springer Vieweg, Wiesbaden

C. San Marchi & Somerday, B.P. (2012). SANDIA REPORT: SAND2012-7321, Technical Reference for Hydrogen Compatibility of Materials. *https://www.sandia.gov/matlsTechRef/*. Zugegriffen am 30.07.2019

Cerbe, G., Lendt, B., Brüggemann, K., Dehli, M., Gröschl, F., Heikrodt, K., Kleiber, T., Kuck, J., Mischner, J., Schmidt, T., Seemann, A. & Thielen, W. (Hrsg.) (2017). Grundlagen der Gastechnik: Gasbeschaffung – Gasverteilung – Gasverwendung (8., vollständig überarb. Aufl.). Hanser, München

Eichlseder, H. & Klell, M. (2012). Wasserstoff in der Fahrzeugtechnik: Erzeugung, Speicherung, Anwendung; mit 26 Tabellen (3., überarb. Aufl.). Springer Vieweg, Wiesbaden

FNB Vereinigung der Fernleitungsnetzbetreiber Gas e.V. (2022). Wasserstoffnetz 2030. *https://fnb-gas.de/wasserstoffnetz/*. Zugegriffen am 28.01.2022

Förster, S. & Köckritz, V. (1980). Aufschluss und Gewinnung flüssiger und gasförmiger Rohstoffe. Wissenschaftliches Informationszentrum der Bergakademie Freiberg

Geißler, T.G. & Verlag Dr. Hut (2017). Methanpyrolyse in einem Flüssigmetall-Blasensäulenreaktor [Dissertation]. Karlsruher Institut für Technologie (KIT)

Göpel, M., (2020). Unsere Welt neu denken, eine Einladung (10. Aufl.). Ullstein Buchverlag, Berlin

Herwig, H. & Kautz, Ch. H. (2007). Technische Thermodynamik. Pearson Studium, München

Heubner, F., Röntzsch, L. & Kieback, B. (2021). Solid Hydrogen Carriers. Advanced metal hydride technology for hydrogen storage and compression applications. Fraunhofer Institut für Fertigungstechnik und Angewandte Materialforschung IFAM, Dresden. Veröffentlicht unter *https://www.ifam.fraunhofer.de/de/Institutsprofil/Standorte/Dresden/Wasserstofftechnologie/Download_Whitepaper1.html*. Zugegriffen 24.09.2021

Lemmon, E.W., Bell, I.H. & et al. (2018). Refprop, Reference Fluid Thermodynamic and Transport Properties (Version 10.0) [Computer software]. National Institute of Standards and Technology (NIST), Boulder (USA). *https://www.nist.gov/srd*. Zugegriffen am 31.07.2019

Pfennig, A. (2004). Thermodynamik der Gemische. Springer, Berlin Heidelberg. *http://www.springerlink.com/content/978-3-642-18923-4*

Schmidt, T. (2022). Wasserstofftechnik (2., überarb. Auflage). Hanser, München

Sicius, H. (2016). Wasserstoff und Alkalimetalle: Elemente der ersten Hauptgruppe: eine Reise durch das Periodensystem. Springer Spektrum, Wiesbaden

Verein Deutscher Ingenieure, Kabelac, S. & VDI-Gesellschaft Verfahrenstechnik und Chemieingenieurwesen (Hrsg.) (2006). VDI-Wärmeatlas: Berechnungsunterlagen für Druckverlust, Wärme- und Stoffübergang (10., bearb. und erw. Aufl.). Springer, Berlin

Index

N

O

P

R

S

T

V

W

Z